从农业观光园到田园综合体
——现代休闲农业景观规划设计

孙新旺　李晓颖 著

东南大学出版社
SOUTHEAST UNIVERSITY PRESS
·南京·

图书在版编目(CIP)数据

从农业观光园到田园综合体：现代休闲农业景观规
划设计 / 孙新旺，李晓颖著. —南京：东南大学出版社，
2020.11

ISBN 978-7-5641-8720-0

Ⅰ.①从… Ⅱ.①孙… ②李… Ⅲ.①观光农业—景
观设计 Ⅳ.①TU986.2

中国版本图书馆 CIP 数据核字(2019)第 296523 号

从农业观光园到田园综合体——现代休闲农业景观规划设计
CONG NONGYE GUANGUANGYUAN DAO TIANYUAN ZONGHETI——XIANDAI XIUXIAN NONGYE JINGGUAN GUIHUA SHEJI

著　　者：孙新旺　李晓颖
出版发行：东南大学出版社
社　　址：南京市四牌楼 2 号　　邮编：210096
出 版 人：江建中
责任编辑：朱震霞
网　　址：http://www.seupress.com
电子邮箱：press@seupress.com
经　　销：全国各地新华书店
印　　刷：江阴金马印刷有限公司
开　　本：787 mm×1092 mm　1/16
印　　张：16.5
字　　数：360 千字
版　　次：2020 年 11 月第 1 版
印　　次：2020 年 11 月第 1 次印刷
书　　号：ISBN 978-7-5641-8720-0
定　　价：120.00 元

序

    国内现代休闲农业景观的研究与实践已经超过三十年，其类型也逐渐从单纯的生态农庄、休闲生态农业园过渡到田园综合体，更是美丽乡村建设的重要组成部分。农业景观绝不是简单地种植农作物，也不是仅仅用园林的形式种植农作物，而是生产与景观有机结合的一种复合形态。国内开展休闲农业景观研究的单位主要是涉农林类学科的高校和科研院所，风景园林学科是其中的一支重要力量。本书的两位作者在教学、研究和实践的基础之上，总结梳理相关研究成果及实践案例，从景观营造的角度成书。

    现代休闲农业景观规划设计的研究需要建立在理论探索与实践相结合的基础之上，重要的理论环节需要开展深入的研究，理清问题的来龙去脉；规划设计实践也需要把握不同环境条件、业主类型等客观因素，确定可操作性强的方案。本书在理论探索环节重点论述了现代农业观光园的营建条件分析、发展定位、项目策划、空间布局构建、生产性景观设计和游憩性景观设计，构建了系统的理论体系。实践部分则分别选择农业产业为主导的两个案例、农业产业与休闲并重的两个案例，展示不同案例之间因发展定位的不同，景观营造过程的具体对策，进一步阐释现代农业观光园景观规划设计的思路与方法。近几年，田园综合体逐渐成为现代农业景观规划设计中的热点，其实质是将传统的农业观光园与乡村发展相结合，促进以农业为主的区域协调发展。本书也通过理论与实践相结合的模式，探讨了田园综合体景观体系的构成、营造原则和营造方法。

    现代休闲农业景观类型多样、元素复杂、系统性较强，特色塑造是根本。当前，国内的乡村振兴和美丽乡村建设正如火如荼地开展，休闲农业景观作为乡村景观体系的组成部分，对其规划设计的探索显得更加重要。社会的期盼就是规划设计人员努力的方向，人民的需求就是号角。此书的出版对现代休闲农业景观规划设计的研究和实践有现实的指导意义，同时也在一定程度上践行了风景园林学科服务社会需求的发展宗旨，引导大家将研究成果写在大地上。

2020 年 9 月仲秋于南林

前　言

随着社会经济水平的提高和人民休闲意识的转变,我国城乡居民的休闲方式也呈多样化发展。城市近郊及乡村,以其自然的环境和便利的位置条件越来越受到人们的欢迎。在这样的社会需求推动下,逐渐产生了一种新的产业融合体——休闲农业。休闲农业作为一种新型农业产业形态,涵盖了一、二、三产业的多重特征,成为农业经济发展新的增长点,是推进农业供给侧结构性改革,促进农村经济、社会、文化、生态全面发展和解决"三农"问题的重要举措。

在我国政府不断推动强农、惠农政策的形势下,我国休闲农业进入快速发展阶段。然而,随着各地休闲农业的日益火爆,发展中也暴露出许多短板和问题。如休闲模式单一,简单娱乐项目占主导地位,地域特色、文化内涵缺失等,总体来说休闲农业在发展过程中质量增长并不能跟上数量变化,呈现出"扩张速度快,发展水平低"的状态。当前的设计多停留在满足人的感官需求上,忽视了人们对于自然生命基本需求的考量,造成自然资源浪费的同时,还阻碍了休闲农业的可持续发展。现在党和国家越来越重视生态文明建设,坚持走可持续发展的道路,大力发展绿色经济,打造绿色可持续景观,对休闲农业景观规划设计提出了更高的要求。在此背景下,从理论上对我国休闲农业景观规划设计的发展进行总结,从实践上进行比较研究,深入探究我国休闲农业景观规划过程中存在的问题,为各地区休闲农业景观的发展献计献策,不仅是理论研究的任务,更是实践发展的需求。

本书从理论和实践两方面入手,以理论为前提,案例为支撑,对休闲农业景观进行深度研究。从农业观光园和田园综合体两种形式着手,通过对休闲农业发展背景、发展历史、发展现状等问题的研究,归纳农业观光园以及田园综合体的不同设计手法,并以相应的案例佐证。在理论层面,本书从休闲农业景观的角度入手,结合多年的研究成果,解析休闲农业的特征、功能、原则以及历史发展,对农业观光园和田园综合体这两个载体进行研究,总结休闲农业在农业观光园以及田园综合体中的规划设计手法,为休闲农业景观规划设计提供一定的理论参考。在实践层面,本书选择近几年的真实设计实践案例进行分析介绍,将理论研究运用于实践中,不仅具有重要的实践指导意义,而且有利于提升休闲农业景观规划设计的科学性,以传承与保护地域文化,促进生态文明建设,推动经济发展、缩小城乡差距等,使休闲农业实现长远健康发展,为实现乡村现代化建设目标添砖加瓦。

葛靖雯、陈亚、丁浩虹、李金婷、张倩仪、雷雅颖、陈慧、浦思慧参与了本书的理论研究和项目实践,在校研究生李金鸽、王世超、陈丽丽、雷奥林、朱晓英、陈晨、程茹婷、王新颖等在后期的资料整理过程中给予了很多帮助,在此谨向他们的辛勤付出致谢。

2020 年 6 月于南京林业大学

目　录

第三篇　田园综合体中的农业景观规划设计

第一篇
现代休闲农业景观概述

本篇解析了休闲农业的构成和特征,梳理了休闲农业的发展阶段,总结出我国休闲农业的发展由点到园、再到体的空间发展趋势,为本书第二篇和第三篇内容的展开做一铺垫。

第一章
现代休闲农业景观的构成和特征

一、相关概念解析

1. 休闲农业

我国是农业大国,与农业生产活动有着密切的联系。农业分为传统农业和现代农业,也可以分为广义农业和狭义农业。传统农业即广义农业,是指利用动植物等生物的生长发育规律,通过人工培育来获得产品的各种发展形式,包括农、林、牧、副、渔五个部门。而狭义农业是指农作物种植业,与广义农业相比,缺少了林业、牧业和渔业等部门。从农业发展历史来看,农业经历过三大发展阶段,即原始农业、传统农业和现代农业三个时期。原始农业是指旧石器时代和新石器时代人们开始驯养牲畜、种植谷物的简单生产阶段;传统农业是指人们开始使用简单的工具进行农业生产,并借助经验从事农业生产活动;现代农业是指农业生产开始进入机械化时代,利用人工合成的化肥、农药等产品进行的大规模农业生产活动。

休闲一词最早出现于希腊文学,意指休闲及教育活动。国内外对于休闲农业的定义不胜枚举,但都大同小异,在不同的说法下都有着相同的本质概念。在国内研究中,对于"休闲农业"定义最早出现于台湾"行政农委会"在1989年举办的第一次"发展休闲农业研讨会",会上对休闲农业的概念进行了研讨,指出休闲农业是利用田园景观、自然生态及环境资源,结合农林渔牧生产、农业经营活动、农村文化及农家生活,提供国民休闲,增进国民对农业及农村之体验为目的的农业经营。在此之后,很多专家学者也给出了休闲农业的定义。

本书结合众多学者的观点,将休闲农业概念总结为:以农业为主题的,利用农业资源、乡村环境等条件,与第三产业融合发展,经过合理的规划设计与开发而形成的,集观光、度假、体验、推广、示范、娱乐、健身等功能于一体,以增进市民对农业农村的体验、提高农民受益为目的的农业经营形态,是现代农业的重要组成部分。

2. 休闲农业与其他概念辨析

国内外对于休闲农业的提法有很多,如 Agriculture Tourism, Agritourism, Rural Tourism, Farm Tourism, Village Tourism 等,还有国内的乡村

旅游、观光农业、农业旅游、生态农业旅游、都市农业旅游等,这些提法都有很多的相似性和交叉点,为能更好地理解休闲农业的概念和内涵,需要对相关概念进行比较分析。

(1)休闲农业与乡村旅游

乡村旅游的概念出现得比较早。1994年,欧盟(EU)和世界经济合作与发展组织(OECD)将乡村旅游(Rural Tourism)定义为:发生在乡村的旅游活动,乡村性是其核心和独特卖点。英国人 Bramwell 和 Lane 认为,乡村旅游不仅是基于农业的旅游活动,更是一个多层面的旅游活动,它除了包括基于农业的假日旅游外,还包括特殊兴趣的自然旅游,生态旅游,在假日步行、登山和骑马等活动,探险、运动和健康旅游,打猎和钓鱼,教育性的旅游,文化与传统旅游,以及一些区域的民俗旅游活动。国内学术界对于乡村旅游也有很多定义,但总的来说,都包含以下两个方面:发生在乡村地区的、以乡村为目的地的旅游活动。

休闲农业和乡村旅游,二者从概念来看,乡村旅游属于旅游的一种形式,并且必须发生在乡村地区,包括这一区域内所有的旅游活动;而休闲农业是一种以农业资源为依托的农业生产活动,旅游是该活动的一部分。从地理范围来看,乡村旅游重点强调发生的区域,即是乡村而不是城市;休闲农业则强调农业生产,没有特定的发生区域,包括乡村农业和城市的现代农业。从产业性质来看,乡村旅游属于第三产业中旅游业的一部分;休闲农业则属于第一产业农业中的一部分。从包含范围来看,乡村旅游发生在城市旅游范围以外的任何区域,包括野生地也属于乡村旅游;而休闲农业则发生在任何有农业活动的区域,不包括野生地。从吸引物来说,一切属于乡村的事物都可以成为乡村旅游的吸引物,例如自然资源、人文资源、建筑、民俗等活动;休闲农业则是立足于与农业有关的资源发展,包括田园景色、农副产品、农耕文化、乡间美食等。

(2)休闲农业与观光农业

观光农业与休闲农业极其相似,总体来说都是以农业资源为基础,结合第三产业进行开发利用的农业生产活动。观光农业多以观光、采摘、品尝等活动为主,休闲农业还加入休养保健的功能。观光农业是休闲农业的一部分,休闲农业包含观光农业。

(3)休闲农业与都市农业

"都市农业"的英文名称开始为 Urban Agriculture,最初的含义是"都市圈中的农业"。它是指处于城市化地区及其周边地区,充分利用大城市提供的科技成果及现代化设备进行生产,具有高度的集约化、规模化、市场化、科技化的特征,服务于城市的现代化农业。都市农业是一个大范围的概念,包括休闲农业、景观旅游农业、生态农业等多个层次,强调农业的现代化、科技化和多功能,因此得出休闲农业是都市农业的一部分。从地理位置来看,都市农业多发生在城市及其近郊区域,而休闲农业则发生在一切有农业生产活动的区域,可以是城市也可以是乡村。综合来看,二者既有交叉又各自独立,属于两种不同的概念。

（4）休闲农业与农业旅游

休闲农业和农业旅游概念相近，都是农业与旅游业相结合，但二者有着本质的区别。农业旅游本质是旅游业，休闲农业本质是农业，二者的本质决定了二者在规划建设过程中侧重点不同。农业旅游更关注游客的心理诉求，注重旅游产业对乡村产生的经济效益；休闲农业虽然也包含旅游业，但是旅游只是其众多功能的一部分，它还有强烈的社会效益和文化效益，在保护和传承农业文化，普及农业科技知识，促进城乡一体化，保护乡村环境等方面有着重要作用。

3. 现代休闲农业景观

人类对农业产业的影响，人与自然生态环境的关系，以及所形成的与工业社会不同的乡土风俗都属于农业景观的范畴。现代休闲农业景观包含了服务于休闲活动的生产型、生活型和生态型景观总和。

本书的研究内容是从农业观光园到田园综合体视角下的休闲农业景观，要求有更广阔的研究范围，综合各观点后，将休闲农业景观定义总结为农田、植被、渠道、聚落等物质要素所呈现出的自然或人工景观，以及附着于物质要素之上、蕴藏着文化传承与生活方式的人文景观。

二、休闲农业景观的构成

休闲农业景观要素可分为物质要素与文化要素两大类（图 1-1），物质要素主要包括气候、地形、农田、水系、聚落和道路；文化要素包括民俗、宗教信仰、节庆等方面。

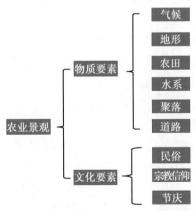

图 1-1 休闲农业景观要素示意图

气候是指天气的变化，不同的天气（如阴、晴、雨、雪）会形成不同的农业景观效果。不同的地形（如丘陵、平原、山地）会形成不同的农业景观，如元阳梯田因为山地地貌形成了特殊的梯田景观，产生了与其他地方不同的景观特色。水系包括湖泊、河流、小溪、鱼塘、水利沟渠等，影响和制约着人类的农业活动，纵横的水网制约着农田的布局，影响着农业景观的格局。聚落是人类聚居的场所，是具有人文内涵和地域特征的构成要素，对乡村聚落进行研究，我们可以看出其间的宗教制度、风水观、道德规范、生活生产方式等,聚落是农业景观重要的组成要素。文化要素虽然是非物质要素,但民风民俗、地域特色和特别的节庆活动等却是旅游发展的重要条件,承担着吸引游客的作用,对于休闲农业景观的打造来说必不可少,因此在休闲农业景观研究中十分重要。

三、休闲农业景观的特征

（1）生产性与审美性相融合

生产性和审美性是休闲农业景观的固有属性。首先,农业的生产性是人们发展农业的首要原因,农业生产满足人们的基本需求,休闲农业景观中的田野、村舍、果林和鱼塘等为人们提供粮食、住宿、蔬果和肉类等生存所需物质,具有经济价值。而农田、果林、鱼塘等田野水域相融又形成了天然的景观,从晋陶渊明的"采菊东篱下,悠然见南山"中就可窥见文人们的田园山水情怀,是带着朴素美感的天然画卷。其次,农业的生产性和审美性本身就是不可分割的,生产性是审美性的前提,金黄的麦田让人联想到丰收,从而引发美的欣赏,而荒芜的田地则让人联想到生产的消失,给人以感官冲击力。因此,景观的生产性和审美性是统一融合的。

（2）地域性与季节差异明显,景观类型多样

我国具有广阔的领土和悠久的历史积淀,广阔的领土意味着气候和地质地貌的差异性,而悠久的历史积淀则形成了不同的地域风情。总的来说,不同的地域形成了不同的景观风貌,如江南的丘陵水田、华北平原的平原旱地、黄土高坡的红高粱地。同一地域的农业景观也会因为季节的不同产生变化,作物会随着季节变化而发生变化,如果树的春华秋实、作物的春种秋收等,使我国农业景观展现出较强的地域性和季节性差异。

休闲农业景观是人对自然环境进行改造的产物,它包含了自然和人工的要素,既有广阔的田野、茂密的果园、清澈的鱼塘,也有天然的森林、巍峨的山峦、欢快的小溪,使景观类型呈现出多样性的特征。

（3）休闲农业景观功能具多样性

休闲农业景观功能具有多样性:①农业生产功能。这是休闲农业景观的基本属性,为人们提供粮食、蔬果等各类农产品,还可以为工业提供原材料。②生态保育功能。休闲农业景观的多样性保证了农业生态系统的稳定性,具有净化空气、调节局部小气候、净化水体的功能。③文化功能。休闲农业景观的地域性差异形成了不同的农耕文化,造就了多样的风俗风貌,如在我国长江以南形成了稻民俗文化区,而在北方形成了麦民俗文化区,而在不宜发展农耕的西北半干旱、干旱地区则形成了游牧民俗文化区。④旅游休闲功能。休闲农业景观具有审美价值和地域差异性,吸引着不同地区的人们了解他乡的风俗风貌,也吸引着城市的居民体验乡村的生活方式。⑤科教体验功能。在欣赏美好景色的同时,休闲农业景观起到了科普示范的作用,通过农耕体验让人们深切感受粮食的来之不易。

第二章
现代休闲农业的发展

一、国外休闲农业的发展

现代休闲农业作为一种新型农业生产经营形态,起源于19世纪的欧洲,是随着全球环境问题的爆发和快节奏的生活方式而发展起来的,至今已经有160余年的发展历程,据资料显示,其发展过程大致可以分为三个阶段,即萌芽阶段、发展阶段和扩展阶段。

1. 萌芽阶段

萌芽阶段即19世纪30年代至20世纪初,这一时期开始出现农业观光旅游活动,主要是城市居民到乡村欣赏美丽的自然风光。19世纪初,农业蕴含的观光旅游价值逐渐显现出来,19世纪30年代,由于城市化进程加快,城市人口急剧增加,原本舒适的城市生活变得拥挤,人们渴望享受乡村宁静、悠闲的生活。1863年,近代"旅游业之父"Thomas Cook组织了第一个到瑞士农村的包价旅游团。1865年,意大利成立了"农业与旅游全国协会",标志着农业旅游的诞生,随后这种旅游形式逐渐发展,并成为一种新的旅游发展趋势。

这一阶段的休闲农业规模较小,活动内容单一,主要活动包括城市居民利用周末或休假时间到乡村体验生活,欣赏自然风光、参加农业旅游活动,包括品尝野味、吃农家饭、参与劳作、帐篷野营等,以此来缓解城市生活带给人们的压力。

2. 发展阶段

发展阶段即20世纪50年代至80年代,出现了有观光职能的专类园,而不仅仅是对乡间美景的欣赏。由于二战后世界各国工业化进程加快,城市问题变得更加严重,人口增加带来的交通拥挤、环境污染、建筑密集等问题以及生活和工作的压力,都使人们感到疲倦。在此背景下,乡村旅游也在不断地发展壮大,由起初的游览欣赏向观光农园发展,依靠乡村特有的森林、郊野、农场等资源建设观光农园,结合游、住、食、购等方式,为人民提供放松身心的好去处。60年代,西班牙开始发展现代意义上的乡村旅游,即广泛意义上的乡村旅游,这标志着休闲农业开始打破传统农业的束缚,成为与旅游业相结合的新型产业。

这一阶段的休闲农业开始发展为新型的农业产业,出现了大量专门为农业旅游服务的观光农场以及部分农业公园,休闲农业开始成规模化发展。

3. 扩展阶段

扩展阶段即20世纪80年代至今,休闲农业由传统型、静态休憩模式转变为参与性与现代化相结合的旅游模式。80年代后,随着人们旅游需求的转变,观光农业也不再是仅提供单纯的观光活动,而是增加了大量可供娱乐、度假的设施,使城市居民能够更多地参与实践,亲身体会农事活动的乐趣,传统的旅游方式逐步被充满多元化和特色休闲项目的旅游形式所替代,增强了游客的参与性。

除了活动形式更加多样外,经营方式也开始变化,出现租赁这种新型经营方式。这种经营方式主要产生于土地私有化程度较高的发达资本主义国家,后逐步传播至各个国家。租赁农场主要是将大农园划分成若干小园子,分块租给个人、家庭和集体,平日由农场主管理,假日交给租客享用。这种经营形式既满足了游客的体验需求,也为农场主带来经济收益,是一种成功的发展模式。

二、我国休闲农业的发展

我国休闲农业起步稍晚于国外,兴起于改革开放以后,但发展势头良好。台湾地区最早出现,后逐步在大陆地区发展起来,呈现出"发展加快、布局优化、质量提升、领域拓展"的良好势态。从发展的整体历程看,其规模化、组织化程度明显提高,经历了由小到大、由点到园再到体的空间发展趋势,也包括萌芽、发展和壮大三个阶段。

1. 点——萌芽阶段

20世纪70年代末,随着台北市木栅观光茶园的推出,以供游客品尝、购买农产品为主的观光农园开始在台湾出现。到80年代后期,台湾的观光农园开始由单一的农产品供应向具有旅游观光、参与体验等功能的休闲农业发展。1989年,在台湾大学举办的"发展休闲农业研讨会"首次提出了休闲农业的名称和概念;1992年,相关部门公布了实施休闲农业的政策法规;1994年至1995年,农政部门修订了休闲农业区设置管理办法,对休闲农业区与休闲农场进行了重新界定。

随着我国改革开放政策的实施,人民生活水平较以往有了很大的提升,人们开始寻求精神世界的享受,将旅游作为日常放松身心的追求,大陆地区农业观光园逐步发展起来。城郊以及风景资源良好地区的居民,抓住时代的变化,自发地开展了以农家乐为主要形式的农事体验活动,将农业资源与旅游业相结合,利用乡村自然风光和质朴的文化,以城市居民为主要服务对象,提供餐饮住宿、休闲旅游等活动。

作为休闲农业的起步阶段,农家乐的发展处于探索阶段,呈现出乡土气息明显、平民特性明显、原生美突出、参与体验性强、消费价格低等状态。对于农家乐体验活动没有系统的规划设计,在景观营造上主要依靠村落原始景观体现田园风光,在活动安排上主要利用传统农事活动开展采摘等活动体验形式。这种粗放的发展规划形式是这一时期显著的特征,各地区虽然在农事体验活动的开展上稍显差别,但纵观整体可以看出,这个时期的规划设计主要以提供简单的旅游体验活动为主,结合餐饮住宿等服务功能,活动形式单一,景观规划简洁,没有形成合理的发展模式。在景观规划中以盈利作为主要目的,还没有做到保护聚落景观、发扬乡村历史文化的要求。在景观的营造上,还不能合理地运用乡村景观资源,突出乡村景观的主题。在文化传播上,还没能做到景观与文化的和谐共生,不能利用现代化科技手段及景观设计手法传播乡村文化。

可以看出,我国起步阶段的休闲农业在规划手法上还很稚嫩,对于良好的乡村景观和文化资源的利用还停留在原始的自然发展阶段,人为干预少,为休闲农业的后继发展提供了广阔空间。

2. 园——发展阶段

20世纪90年代正处于我国经济模式由计划经济转向市场经济的转变期,随之而来的是我国城市化大发展和居民收入的提高,生活水平实现了跨越式发展,相比于传统形式的远途旅行,人们更青睐于城郊及附近乡村的短途旅游,同时,我国农业产业结构也需要优化调整,农民就业、农民增收等问题成为改善的重点。在这样的背景之下,农业的各类基础设施不断完善提高,休闲农业在多方因素的共同促进下有了更深入的发展。郊区及乡村居民利用当地特有的农业资源、环境以及特色农产品,建立了以观光为主的农业观光园,策划和开展了许多旅游项目,例如采摘、野餐、钓鱼、种菜等富有乡村特色的旅游活动,吸引城市居民利用闲暇时间到农村体验田园生活、呼吸新鲜空气、观赏田园风光、品尝生态食品等。与上一阶段的散点经营不同,这一时期的农业观光园经过合理的规划和建设,在农村划分出一片特定区域进行建设,具有一定的规模和体系,休闲农业开始进入快速发展阶段。

在休闲农业的发展阶段,农业旅游渐渐走上正轨。在规划中开始寻求相应的理论支撑,在景观设计中更加注重美的体验,与产业发展的结合也更加密切,呈现出产业复合性、景观多样性、游憩丰富性等多元化特点。伴随着休闲农业旅游的发展,农业观光园也从起初单一的发展类型渐渐变得丰富,从农民自发的发展经营向政府规划引导转变;从简单的农家餐饮住宿、观光采摘,向回归自然、认识农业、怡情生活等方向转变;从最初的景区周边和城郊地区向更适宜的区域发展;从一家一户一园的分散状态向园区和集群发展转变,从农户经营为主向农民合作组织经营、社会资本共同投资经营发展转变,逐步形成了休闲观光为主的农业观光园、产业为主的农业观光园以及二者相结合的农业观光园几种类型。但这一阶段的规划设计中依然存在着很多问题，包括：在理论方面对于观光农业概念和内涵的模糊、研究内容不足、研究方法不足；在园区建设方面缺乏科学总体的规划、建设管理水平参差不齐、缺乏特色、破坏原有自然生态环境等，仍需在今后的发展过程中改进和完善。

可以看出，发展阶段的休闲农业在规划手法上已经走上正轨，已经可以利用相关的理论知识作为发展依据，并且扩大了发展规模，丰富了发展形式，由初始的点状发展转变为园区状发展，但依然存在着很多问题，值得我们在不断发展的过程中改进，使休闲农业的发展更加系统和成熟。

3. 体——壮大阶段

进入 21 世纪后，国家对于"三农"问题的关注度逐渐增强，作为我国经济发展重点的农业进入新阶段。农业现代化是国家现代化的重要基础和支撑，其现代化水平直接影响全面建成小康社会的成败，以及我国社会主义现代化发展的质量。2017 年中共中央一号文件首次提出"田园综合体"这一概念，此后，中共十九大提出实施乡村振兴战略，并且在 2018 年以一号文件形式提出了《中共中央国务院关于实施乡村振兴战略的意见》，至此我国休闲农业的发展跨上了新台阶。

休闲农业的发展在这一阶段迈入大跨步发展时期，根据 2017 年的中央一号文件中的内容：支持有条件的乡村建设以农村合作社为主要载体、保障农民充分参与和受益，集循环农业、创意农业、农事体验于一体的田园综合体。这一模式是在城乡一体化背景下，为破除我国城乡二元结构制约，实现农村全方位复兴而提出的新措施。田园综合体模式通过整合农村各类资源，发展多种形式的农业产业，将绿色农业、循环农业、休闲观光、文化旅游融为一体，实现乡村现代化和农业的可持续发展，突破了原有农业农村发展的惯性思维，进一步激活了传统农业发展中受限的土地、房屋等资产和农村现有的劳动力资源，顺应了市场经济的演变以及农业制度的改革，打开了乡村社会产业发展的新局面，与我国当前经济社会的发展趋势相适应。它的规划主要包括三个核心组成部分，即现代农业、休闲旅游和田园社区。首先，以现代农业生产作为产业发展的基础，通过发展生产、养殖等产业示范园来保障农业生产；同时，发展有机农场、果品栽培等来提高农产品质量，满足市场需求的变化；其次，以休闲文化旅游作为产业发展的主导，结合了当地历史文化特色，并在其基础上进行创新。将绿色农业、文化教育、休闲体验等融为一体，深入挖掘农业的多种功能，发展与传统乡村建设不同的文化旅游产业，实现一、二、三产业的深度融合。最后，通过建设田园社区改善乡村地区的人居环境，为人们提供一个区域中的世外桃源。田园综合体以极具特色的发展理念，推动了当前农业产业变革，促进了我国农业农村现代化的发展，为实现城乡一体化发展、重塑美丽乡村提供了新的思路，也为我国休闲农业的发展提供了新模式。

可以看出,这一阶段的休闲农业在规划手法上已经形成体系,无论是发展规模、发展形式还是发展内涵都有了很大的提升。在田园综合体这一发展模式的基础上,我国休闲农业景观规划将朝着越来越规模化、体系化的方向发展,最终实现城乡一体化。

三、田园综合体发展的必然性

田园综合体发展模式的提出有其必然的原因和背景,主要包括以下几方面。

(1)经济新常态下,农业发展承担更多的功能

当前我国经济发展进入新常态,地方经济增长面临新的问题和困难,尤其是生态环境保护的逐步开展,对第一、二产业发展方式提出更高的"质"方面的要求,农业在此大环境下既承担生态保护的功能,又承担农民增收、农业发展的功能。

(2)传统农业园区发展模式固化,转型升级面临较大压力

农业发展进入新阶段,农村产业发展的内外部环境发生了深刻变化,传统农业园区的示范引领作用、科技带动能力及发展模式与区域发展过程中条件需求矛盾日益突出,使得农业园区新业态、新模式的转变面临较多的困难,瓶颈明显出现。

(3)农业供给侧改革,社会资本高度关注农业,综合发展的期望较强

经过十余年的中央一号文件及各级政策的引导发展,我国现代农业的发展迅速,基础设施得到改善、产业布局逐步优化,市场个性化需求分化、市场空间得到拓展,生产供给端各环节的改革需求也日趋紧迫,社会工商资本也开始关注并进入到农业农村领域,对农业农村发展起到积极的促进作用。同时,工商资本进入该领域,也期望能够发挥自身的优势,从事农业生产之外的二产加工业、三产服务业等与农业相关的产业,形成一、二、三产融合发展的模式。

(4)"史上最严土地政策"影响下,寻求综合方式解决发展问题

随着经济新常态,国家实施了新型城镇化、生态文明建设、供给侧结构性改革等一系列战略举措,实行建设用地总量和强度的"双控",严格节约集约用地管理,先后出台了《基本农田保护条例》《中华人民共和国农村土地承包法》等,对土地开发的用途管制有非常明确的规定。特别是国土资源部、农业部《关于进一步支持设施农业健康发展的通知》(国土资发〔2014〕127 号)的发布,更是将该要求进一步明确,使得发展休闲农业在新增用地指标上面临着较多的条规限制。

综上所述,现阶段传统农业产业园区发展思路,在一定程度上已经不适合新形势下的产业升级、统筹开发等要求,亟须用创新的方式来解决农业增效、农民增收、农村增绿的问题,田园综合体正是良好的创新模式之一。

四、农业观光园与田园综合体的关系

1. 农业观光园与田园综合体的联系

农业观光园和田园综合体都是乡村现代化建设的重要组成部分、实现方式和实现载体，是实现乡村现代化的重要措施和路径。就本质而言，农业观光园和田园综合体都离不开一个"农"字，都是围绕"三农"展开建设，都是以实现乡村现代化为远期目标。田园综合体的出现并非一蹴而就，站在我国乡村规划发展史上的大格局下，可以发现更早的新农村规划、美丽乡村建设规划、农业观光园等实际上已经拥有了田园综合体的很多因素，它们是一脉相承的关系。田园综合体是农业观光园建设的延续与升级，是乡村建设和农业综合发展的高级形态，具有农业观光园所不具备的优势。田园综合体中可能包括若干个农业观光园，农业观光园客观上也可以融合带动田园综合体建设，两者是"并存共荣、协同共进、互为支撑"的关系，在发展建设中，具有密不可分的联系。

2. 农业观光园与田园综合体的区别

（1）规模不同

农业观光园对土地面积要求不高，面积大多在几公顷到十几公顷。田园综合体则体现出"综合开发"的特征，它的范围、规模比农业观光园更广，要求成片开发、整体开发。虽然国家并没有对田园综合体的规模提出要求，但是依据现阶段国内田园综合体试点的规模来看，成体系的连片、整体开发是发展田园综合体的基本需求。

（2）产业不同

农业观光园的产业较为单一，主要就是第一产业和第三产业，即农、林、牧、副、渔的生产和旅游的开发。与农业观光园不同，田园综合体的产业更多、产业链更加完善，强调三产融合发展，三产带动一、二产业发展，通过休闲农业、创意农业来带动农产品深加工，提升农产品附加值。根据中央的政策，田园综合体包括农业、文旅、地产三个产业，打造生产、生活、生态的共同体。其中农业就包括循环农业、创意农业、农事体验，在城乡一体化的新格局下顺应了农业供给侧改革，符合产业转型升级的要求，有助于通过空间创新带动产业优化、链条延伸，有助于实现一、二、三产业的深度融合。

（3）运营主体和运营模式不同

田园综合体是多主体开发，在多主体开发中，核心是农民专业合作社。中央文件强调"田园综合体建设应以农民专业合作社为载体，调动农民参与的积极性"，这就充分说明了田园综合体的主体应该是农民或者农民专业合作社。在运营模式上，农业观光园大多由私人企业开发，目的在于给企业主盈利，而田园综合体大多由政府牵头、企业参与，根本目的是造福当地居民，缩小城乡差距,其运营也更加规范化。

(4) 盈利模式不同

农业观光园的盈利模式比较简单,主要是产业、产品收入。田园综合体在传统农业观光园门票、餐饮、住宿、商品消费的基础上,盈利模式更加多元化。依靠产业与运营模式的升级,农产的收入占比增高,此外还有研学教育收益、地产类产品收益、土地收益等。

(5) 文化氛围不同

农业观光园主要是观赏游览,文化元素和文化活动占比有限。而田园综合体本身就承载着复兴乡村文化、传承传统文化的责任,以本土文化为灵魂,深度挖掘民风、民俗、民情、民艺,引导人们回归自然,重新审视城市与乡村的关系,让游客和居民获得心理认同感和满足感。

第二篇
现代农业观光园景观规划设计

本篇从农业观光园的概念入手分析其特点,并结合多年实践经验,从前期分析、发展定位及项目策划到空间布局进行分析,归纳出农业观光园规划设计的要点,为现代农业观光园的规划设计提供理论和实践的参考。

第一章
现代农业观光园概述

一、现代农业观光园的内涵

1. 现代农业观光园的概念解读

农业观光既不是传统意义上的农业,也不是简单的旅游业,而是将农业与旅游业有机结合,利用农业资源和农村景观发展形成的一种新型农业经营模式。农业观光以保护环境为前提,通过对农业资源的开发整理和利用,将农业资源打造成景观与旅游业相结合,集生产、展示、经营以及旅游、休闲观光为一体的旅游资源。

在农业观光的基础上发展起来的农业观光园,各学者对此有不同的见解以及定义。李保印、周秀梅认为,农业观光园是结合农业与生态旅游业及园林绿化业,突出农游合一性的新型产业。郭焕成等认为,农业观光园是随着城市化水平提高而出现的集科研示范、休闲采摘、生态度假于一体,以农业生产为基础,提供给久居城市的人们感悟自然的机会以及亲身体验农家生活的场所。

本书对农业观光园的理解是:农业观光园是指在特定的区域内建立起来的,以农业为背景,以农业自然与文化资源为载体,以城市居民为服务对象,围绕观光、休闲、娱乐目的,有明确空间范围的农业园区。它包含并融合农业和旅游业两种产业,以两者的发展方向为建设引导,以两者的收益为收入来源,是一种可持续发展的农业类别。

2. 现代农业观光园的特征

（1）地域性

农业观光园以农业为主,具有农业本身的特征,即很强的地域特征。不同的地域,空气、土壤、水分条件不同,适宜种植的作物也各具特点。同样,地域文化不尽相同,其中的建筑风格、居民的生活习惯也各不一样。由于不同地域的农业生产方式、民俗风情有所不同,也就形成了农业观光园的地域性景观。

（2）生产性

农业观光园中随季节的不同会生产各种不同的瓜果、蔬菜和其他有机绿色的农产品,这些农产品不仅可以用来观赏、采摘,还可以提供给游客作为安全放心的农产品来食用。农业园养殖的禽类以及它们产的蛋类,还可以加工成速食以及真空包装的食品,作为特产提供给游客,为农业园带来一定的经济效益。

（3）观赏性

观光农业景观拥有独特的农业景观资源。四五月田间的油菜花开、田埂成片的向日葵、大片大片黄灿灿的稻田等独特的农业景观,使游客在观光园中不但能获得亲身体验农事操作的乐趣,还可以体会到"采菊东篱下,悠然见南山"的情致。

（4）功能多样性

农业观光园集生产、观光、体验、休闲等多种功能于一体,具有农业和旅游业的双重产业属性。农业观光园内可以组织的活动,包括农业观光、果蔬采摘品尝、体验农地耕作、欣赏乡土文化表演、休闲度假、文化娱乐等,使游客能参与体验多种形式的活动。

二、现代农业观光园的分类

对于农业观光园的分类,目前还没有比较明确的分类方法。农业观光园本身的复杂性导致各学者研究视角多样,分类多结合各地的主营项目和地方特色进行划分。本书依据农业观光园中的产业主导类型,围绕农业产业和休闲产业两种类型的用地占比进行分类。

1. 以农业产业为主导的农业观光园

以农业产业为主导的农业观光园是指以农业生产为主、休闲观光为辅的观光园,农业产业用地占比70%左右,观光形式根据不同的产业发展方向和特色各有不同。按照农业生产结构,可以分为以下几种类型。

（1）以传统产业为主

这种类型偏重传统农业生产,是在已有生产用地初具生产规模的基础上改造而成的,利用原有种植业、养殖业及综合性产业发展旅游观光活动,集中规模成片发展,形成观光果园、观光茶园、观光养殖园和综合性的观光产业园。

这类园子由于主要以某类农业产业生产为主,适当结合旅游进行活动项目的开发,相对旅游的投入较少,休闲设施比较简单。由于其产业特殊性,这类园子受农业产业的影响较大,主要表现为以下几方面:①生产性较强,园区景观效益弱化;②季节性明显,随之出现旅游旺季与淡季;③地域性较强,产业地域差别明显等。同时,由于不同地区的农业生产方式、民俗风情有所不同甚至风格迥异,形成了农业观光园的地域性景观。

此类现代农业观光园的经济收入以产业生产为主,休闲观光的收入所占比重相对较小。

（2）以高新技术产业为主

这类现代农业观光园具有科技含量高、投资规模大的特色。通过引进先进的技术,大力发展现代农业和设施农业,以现代科技为主,运用现代的科技和管理方法运行,形成集研制、开发、生产、加工、营销、示范、推广等多功能为一体的现代产业园区,并通过生态示范区和高科技带动观光旅游业的建设,同时具有一定的科普教育功能。近年来,上海、天津、广州等经济领先地区出现了众多此类现代农业观光园的成功案例。

这类园区主要特点是科技性强、技术密集,运用多种技术来发展农业生产,由此也带来资金投入、科研投入和开发规模大的特点,在农业新技术开发、引进、转化、示范和推广方面起到显著作用,而休闲观光只是一个附属功能。由于农业生产多以设施农业为主,受季节性影响小,避免了以传统产业为主所带来的部分弊端。

2. 农业产业和休闲观光并重的农业观光园

以农业产业和休闲观光并重的农业观光园在产业属性上并无明显偏重,农业产业与休闲产业用地占比均为40%~60%,此类园区往往结合市场需求与自身区位优势发展复合型的农业生产,综合利用园内自然资源,提高园区经济效益。产业与休闲并重的农业观光园,具备一定规模的农业生产,在开发项目与功能上融合了产业观光型与休闲观光型两者的特点,不仅有依托于农业生产的观光种植、观光养殖类项目,而且拥有饮食、住宿、游览、体验一系列服务能力的休闲度假、购物旅游等项目。

3. 以休闲观光为主导的农业观光园

以休闲观光为主导的农业观光园是指偏重旅游业的一种观光园类型,休闲产业用地占比70%左右,园区发展以创意农业为主导,形成以休闲观光为主、农业生产为辅的观光园类型。该种类型的农业观光园将科技和人文要素融入农业生产,进一步拓展农业功能、整合资源,把传统农业发展为融生产、生活、生态为一体的现代农业。农业生产除了产生一定的经济效益外,主要以农业新技术和新品种的示范推广、农事活动和农业休闲为主,满足市民观赏自然景致、体验农业生产过程、感受民俗风情、采摘或购买农副产品的愿望。包括休闲农场类、休闲度假类、民俗旅游类、购物娱乐类等类型。

该类农业园侧重于观光项目的开发,为了满足游客游乐的需求,发展多种多样的活动项目,农业科技示范、旅游休闲、科普教育等功能比较齐全。在其发展过程中,往往有以下特点。

(1)客源市场广阔

国家法定假日的调整使得当下游客群体更加青睐短途户外旅游。观光农业具有农事参与、休闲游览、科普教育等功能,迎合了都市人寻求放松、返璞归真、猎取新奇的心理需求和消费需求,具有极大的市场发展潜力。以此为背景,以休闲观光为主的农业园开始强调健康、绿色、环保、科技等发展主题,力求集观赏性、休闲性、生态性多功能于一体,并尝试将农业生产过程与自然资源相结合,有针对性地开设旅游项目,扩大游客来源,服务年龄层次更为广阔。

（2）文化内涵鲜明

我国幅员辽阔，地域差异形成了各具特色的民风习俗、农耕文化，成为农业观光园特有的农业文化资源。合理利用这些人文要素，与自然景观相互融合，设计出内涵丰富、形式多样的观光农业游览项目，可使人们获得更多的共鸣，满足人们求新、求异、求知的心理诉求。

（3）游客参与度高

鼓励游客参与生产、采摘、动植物养殖等生产活动，感受充满民俗风情的乡村生活，提升旅游的趣味性和参与性，使游客体验乐趣之余获得知识。

三、现代农业观光园营建中的问题分析

目前，在政府的大力支持下，我们已经拥有多个现代农业示范园和高新农业园区，观光农业园种类也是多种多样，如观光采摘园、渔业垂钓园、休闲度假村等，每年吸引着数以万计的游客。但是目前农业观光园的建设还存在如下问题。

1. 主题定位不明确

我国很多本地农业观光园在建设之初本意是以农为本，可事实上，在主题为鲜果采摘、名花观赏、动物饲喂，餐饮住宿为配套的综合性休闲农业园区中，本应为主题服务而配置的餐饮服务等建成后，却成了休闲农业观光园的核心，并且规模不断扩大，挤占了原有主题的建设用地，最终各类主题园在建设过程中都走样建成了餐饮服务园区。主题不鲜明，大失偏颇，导致观光市场具有鲜明特色主题的休闲农业观光园产品缺乏，人们体会不到休闲农业观光园的独特之处，这样的休闲农业观光园必将失去应有的魅力。

游客去农村观光旅游，其目的是要体验清新的郊野环境和独特的农耕文化，感受自然，回归乡情乡味。因此，特色是观光园的生命力，其发展重心应该基于丰富的农业资源和田园风光，发展富有特色和吸引力的农园风光、提供体验农耕生活方式和文化习俗的氛围，才能具备区域性优势竞争力，展示农业观光旅游区别于一般旅游的吸引力。

2. 规划布局不合理

有些农业观光园建设时为了降低成本，许多项目省略了前期的可行性研究、评估审查和规划设计。由于缺少科学的规划和市场定位，造成后期休闲农业旅游项目经营和管理的困难，更难以进行后续的深度开发。由于缺乏对国内外成功休闲农业园的借鉴与参考，为了一时的盈利，很多农业园对当地自然资源和人文资源的开发都非常不足，短时间内农业观光项目一哄而上，且园区规模普遍偏小、项目单一。有的农业观光园仅仅是提供农家的饭菜和最基本的垂钓、采摘功能，园区内各种设施欠缺。游客在一两个小时内就把

整个园区逛完,没有长时间停留的游乐项目,逛完一圈后便不愿继续在园区继续逗留,更不会有二次消费。

3. 当地资源开发不足

很多农业观光园的设计缺乏对于当地自然资源和文化资源的考察,在观光园的建设过程和日常的经营过程中,很少把观光园区与周围环境放到一起进行考虑,导致与周围环境的脱节,没有地域特色,各个园区的景观都大同小异。有的休闲观光果园、垂钓园除简单地供游人观光、采摘、垂钓外,缺乏必要的休息、娱乐、餐饮、购物和度假等配套设施和服务。不少观光园在延长产业链上多热衷于销售旅游纪念品,农副产品特别是本园区的农副产品少,几乎不能提供有特色的产品,除个别农园外,无特色产品的深加工,无法形成参观体验、购物旅游一条龙服务的产业体系;同时由于未对季节性产品进行深度开发,因此造成旺季时门庭若市、淡季时门可罗雀,导致资产的闲置浪费和发展的不可持续。

第二章
现代农业观光园营建分析

一、选址趋势变化

随着观光农业的规划设计与发展模型日趋成熟,其选址也根据产业偏重不同而不断变化,主要分为以下三个阶段。

1. 初始阶段

国外观光农业的初始阶段并没有明确的观光农业概念,也没有为观光农业建立专门的园区,其仅仅作为一个旅游项目而存在,多选择山水环境秀丽的农村。我国观光农业初始阶段的选址要点在于以良好的农业基础为依托,观光农业项目通常位于经济发达城市的周边。

2. 发展阶段

国外观光农业的发展阶段先后出现了西班牙的"城堡旅游"、美国的"人造观光农园"、日本的"务农旅游"等形式。例如美国费城西南白兰地山谷中的"长木花园"、布拉斯加州的室内"热带雨林公园"等都取得了巨大的成就。

国内观光农业的发展阶段,农业园多选择东部沿海地区以及经济较发达的城市进行建造,较为成功的案例有香港假日观赏农园。在该阶段农业观光园数量剧增,这一阶段的选址特点如下。

(1)选址多样化

观光农业产业向多结构发展,观光农业的农业资源范围扩大,如日本的观光农牧场、中国江苏江阴的顾山镇红豆村。

(2)更加注重整体性

选址时除要求有一定的农业生产基础,还注重便捷的交通、配套的市场流通体系及完善的农业基础设施。

3. 完善阶段

国外的观光农业在 20 世纪 80 年代后进入快速发展阶段,呈现多类型发展趋势,农业观光园进一步向多元化发展。家庭农场、教育农场、农业科技园应运而生,生态、景观、休闲和教育功能并驾齐驱;第三产业成为农业观光园产业中占比最大的成分。

　　偏产业观光型农业观光园重视便捷的交通运输、选址地的农业生产状况和选址地的自然条件以及农业景观质量,以求通过区位优势来开拓市场,以良好的农业基础以及具有特色的产业开展观光产业,以开发农业资源作为农业景观、农业旅游的依托。

　　偏休闲观光型农业观光园对旅游资源的康体娱乐价值和可开发性,以及选址地的自然生态要求较高,并以此延伸出休闲服务项目,作为开发旅游项目的重要载体;对区位条件的依赖性较弱,通常以良好的生态环境、新颖的游乐项目及配套设施吸引游客。

二、营建背景分析

　　为确保观光农业园后期发展经营稳步推进,在选址时应注意其科学性,以规避由于选址不当而造成后期经营不善的风险。各个阶段观光农业园的选址包括以下几点要求。

1. 较好的经济水平

　　国外的农业园出现于经济较为发达的城市及郊区;在我国,农业观光园大多分布在经济发达的东部省区和东、中部大城市郊区,尤其在经济发达的环渤海、长三角、珠三角、成渝地区等几个区域,而在中西部经济欠发达地区观光农业未充分发展。

　　纵观农业观光园发展历程,不难发现,观光农业的发展与当地的经济水平发展密切相关,区域经济水平对观光农业发展的影响表现在以下。

　　(1) 提供有力的经济支撑,促进观光农业的发展

　　观光农业不同于传统农业,除了展现自然的田园风光,更需要相应的环境及休闲娱乐条件吸引游客。经济发达地区具有雄厚的资金实力、技术保障和物质基础,决定了农业观光园建设的水准。

　　(2) 提高居民的消费水平,增加休闲旅游的机会

　　城市经济的发展一方面大大增加了居民的收入,另一方面伴随着科技的发展使人们从部分繁重的工作中解脱出来,有了更多的闲暇时间。另外,经济发达的区域人们对于精神享受的追求更高。这些因素都增加了居民出游的概率。

　　较好的区域经济发展水平是观光农业发展的前提,为农业观光园的建设提供了优越的发展条件。

2. 完善的基础设施

　　现代生态农业观光园的建设不仅仅是满足传统的农业生产和农业景观原始状态的观光,还要结合现代技术发展现代农业和旅游,场地内的水电、交通、通信等基础设施的完善是观光农业开发必不可少的条件,关系到开发建设的规模、投资和实施的难度。基础设施可分为场地外设施与场地内设施。

（1）场地外基础设施

考虑场地与对外交通的联系是否方便，场地外是否临近铁路、公路、河港码头等。农业观光园的对外交通一般以公路运输为主，应充分考虑选址地是否有便利的交通。

（2）场地内基础设施

场地内基础设施主要包括场地内部交通、给排水情况、电力电信情况等。便捷流畅的内部交通是园区内部景点联系的保障，道路的布置需要：①满足各种交通运输的功能要求；②考虑安全要求，满足消防及疏散；③注意建筑物的朝向；④满足道路与绿化、工程技术管网布置等协调统一的要求。

给排水对于农业生产尤其重要，需要研究水源，确定管网布置，考虑枯水季节水量的供应问题。农业生产以及景区建设需要电力、电信支持，了解场地附近的线路网络情况，充分利用公用系统设施；自备设备则要考虑线路布置和敷设方式。

3. 良好的自然资源

优美的自然环境是发展旅游的基础，一般农业观光园都建在自然环境较好的区域，这为观光园后期的开发建设打下了良好的基础。自然资源条件包括现状植被、气候、水文、空气质量、地形地貌等方面。对发展观光农业来讲，由于关系到农业的生产，场地的气候、水土情况和地形地貌因素相对比较重要。

台湾宜兰中山休闲农业园所在地地形起伏、错落有致，适于多种果树、林木、茶叶、花卉等植物的生长。形成以文旦柚、山水梨为特色的山地果园、以素馨茶为特色的山坡茶园，以及瀑布、梅花湖等风光各异的片区，充分利用自然条件，打造风光无限、四季有景的特色农园。

综合各种因素，农业观光园最好选择在气候适宜、水源丰富、土壤肥沃、植被丰富的缓坡地区进行建设。

4. 充足的客源市场

当下的农业观光园，第三产业已经成为其主要收入来源，从经济效益出发，营造农业观光园必须考虑其客源市场，及如何吸引游客前来观光、旅游。

从旅游学角度上讲，客源地是影响旅游业发展的地域因素之一，它包括人口的数量、人均收入水平、居民文化水平、闲暇时间、旅游的偏好及客源地社会经济状况等。以北京市为例，通过对北京市观光采摘园的市场调查分析得出，北京市观光采摘园总体上以北京市 15～64 岁的中、高收入者（包括部分学生）为目标市场。北京市区居民属一级市场，为主要营销对象；郊区居民属二级市场；近京地区像河北、天津等省市可作为观光采摘园的长远目标市场，属三级市场。北京市观光采摘园首先是城市居民休闲的"后花园"，不能依托国际市场。可见，农业观光园的主要客源还是久居城市、渴望和自然亲近的城市居民。目前我国的东部沿海地区城市的观光农业发展较好，正是由于这些城市拥有丰富的客源,为农业观光园的发展带来良好的经济效益。

5. 政府部门的支持

1998 年,国家旅游局推出以"吃农家饭、住农家院、做农家活、看农家景"、与大自然亲近的"华夏城乡游"和"99 生态旅游年",以及 2006 年推出的"中国乡村游",这些活动的开展大大推动了观光旅游业的发展。同时为发展现代农业,中央政府也陆续出台了多项针对性措施。在国家政府的大力支持下,地方各级政府部门也纷纷重视农业旅游和现代农业的发展,制定可行的政策,促进了观光农业的开发。

农业观光园的建设符合国家的产业政策导向,地方政府部门在国家政策方向的指导下,可以在土地征收、科技支撑、人才引进、税收优惠和资金扶持方面给农业观光园相关的优惠政策。在我国台湾地区,休闲农业的发展受到了台湾当局的重视,并成为了政府行为,政府直接参与规划和行动,并负责对其管理、咨询、提供补助经费和贷款。另外政府可以发挥宏观调控能力,对于本地区观光农业的发展从宏观上把握,合理分配农业资源,调控农业观光园的数量、规模、结构,突出各自的发展特色,避免重复开发造成的资源浪费。

三、条件分析

针对观光农业规划选址地的情况,本节从自然、人文、科教、旅游区位四个方面做出具体的分析。

1. 自然条件分析

开发农业观光园的自然条件,除了富有农村特色的农业生产景观,广大农村地区广阔的空间和优美的自然环境,也是吸引游客的重要因素。单一的农业景观和农业生产展示不能满足游客审美休闲多样化需求,只有能够同时展示丰富多彩的自然景观,观光农业园才能真正体现其无穷魅力。对于开发地的自然条件分析,主要包括以下几个方面。

（1）农业种植资源

农业种植是农业发展的基础,建园所在地域的主要农业种植的生产和供应的种类、数量和保障程度,对于观光农业的旅游开发有较大的影响。通常情况下,农业种植资源包括:农作物、林木、花卉、蔬果、药材、草场等。农业种植资源的种类、产量和商品率与观光农业旅游开发呈正相关关系。如山东临沂,农业种植资源丰富,特色产品突出,形成了以花生、黄烟、蚕桑、柳编、银杏、金银花、板栗、茶叶为主的八大特色基地。郯城县被农业部(现农业农村部)命名为"中国银杏之乡""中国杞柳之乡",苍山是全国有名的"大蒜之乡""牛蒡之乡""鲁南南菜园",莒南县被命名为"中国苹果之乡""中国草莓之乡",平邑县被命名为"中国金银花之乡""中国西瓜之乡",费县被命名为"中国茶叶之乡""中国板栗之乡"。多彩的农业种植资源为临沂发展观光农业提供了优势。只有对建园地所依托的地方农业种植资源进行仔细的分析和研究,才能确定观光农业旅游开发的主要方向。

（2）养殖资源

养殖资源包括家禽家畜、野生动物、水产等。场地中的自然条件、农业传统常常影响着园区内养殖情况。如石家庄的君乐宝生态牧场,依托华北地区辽阔的绿色优质奶源带,形成以生产科研为主的奶牛养殖区、奶品加工区、奶品研究区,以娱乐休闲为主的旅游接待区、林果种植区、登山旅游区,以及部分奶牛体验区和奶牛放牧区。园区充分开发养殖资源,不仅满足企业的生产生活效用,也为消费者提供全方位的服务,使观光游客的吃、住、行、游、购、娱最大程度地得到满足。故在对观光农业进行选址分析时,同时应考虑开发当地特色的养殖资源。

（3）大地景观资源

表现农业生态美是农业观光园的主要特征,农业景观的基调是由大规模的自然生态景观奠定的,这就要求构成其景观的水、地形、土壤、植被符合农业生产及造景的条件。观光农业中的大地景观资源是以农田、草地、耕地、林地、树篱及道路等镶嵌而成,由农业活动在具体的地域空间上落实。农业大地景观是不同地区不同农业生产模式的直观反映。如欧洲的圃制农业表现为黄或绿的庄稼地、绿色的草场和褐色的休耕地交替出现在连绵起伏的丘陵上的美丽风景,美国北达科他州壮阔的金色麦田,欧洲莱茵河沿岸阡陌葡萄园,我国哈尼族独特的梯田景观以及珠江三角洲的桑基鱼塘,都是反映特殊土地利用模式的农业景观,在审美上皆具有极高的美学价值。农业形成的大地景观本身即是不可多得的生态美景,开发观光农业时,应当重视大地景观资源的挖掘。

2. 人文条件分析

人文资源,又称文化资源,之于观光农业而言,是指人们在日常农业生活中,为了满足物质及精神等方面的需要,在自然基础上叠加的具有文化特质的存在。农村的农耕文化、聚落文化、农事活动、特色饮食以及衍生的生活习俗、农事节庆、民族歌舞、神话传说、庙会集市、茶艺竹艺等手工艺,都是农村文化资源中的重要组成部分,也是农村旅游活动中的重要资源。对久居城市的游客来讲,到农业观光园游玩除了欣赏自然田园风光外,更主要的是体验浓郁的乡土民俗风情,参与多样的农事活动,感受在城市公园里不能领略到的风土人情,这就要求农业观光园所在地区具有独特的民俗风情和乡土文化。这些人文景观不仅能够增强观光农业旅游的文化价值,而且能够提高观光农业旅游的文化品位,从而吸引更多的游客前来观赏、体验。

（1）农耕文化

农耕文化包含北麦南稻、旱地水田、红壤绿洲、牧场果园、梯田平川及其相应的农牧方式、作业周期、除病防灾等农事表现和过程。中国农耕文化不仅具有各地分异的农业形态,还有与之相匹配的祭祀、崇拜传统等。在此基础上,产生了许多关于天象、季候、动植物、自然周期等的神话,表达传统农业文化中人与自然的关系。农耕文化根据所处的地理位置划分为山地农耕文化与平原农耕文化,每一种农耕文化都以自己特有的耕地类型为最基本的特点与内核,并以此作为自己的传统文化标志。如在生产中,有"谷宜稀,麦宜密,玉米地里卧下牛"的谚语;在生活上,北方以面、南方以米为主食的饮食传统;在信仰上,由于北方干旱少雨,产生对"龙王"的崇拜等。农耕文化是中华民族长期以来在土地上进行农业生产、生活,认识、实践后创建的一切成果及其经历的过程。对于农业观光园的规划而言,从农耕文化中提取的文化元素能丰富园区的内涵和素材,形成特色景观,是对人文景观的拓展。

(2) 聚落文化

农村的聚落空间不同于城市的居住区空间,它不仅仅是农民生活的场所,更是农民从事部分生产活动的场所。当下农业观光园的规划中,往往忽视当地农村特有的功能特点,照搬现有规划模式,造成"千村一面"的现象。我国幅员辽阔、历史悠久,不同的地区具有不同的气候条件、地形地貌、文化习俗等因素,它们影响并形成了不同的农村聚落空间格局。历史积淀下来的农村聚落形态反映了当地农村的地域性、文化性,是建设农村、发展乡村旅游的宝贵财富。如成都的石板滩镇土城村,规划时传承了客家文化底蕴,重构聚落空间形态,展现中华客家文化中著名的特色民居建筑,建筑的组合方式完全反映了典型的客家传统礼制和宗族观念,以及风水和哲学思想;发展以"客家风情田园"为定位,挖掘文化底蕴,以突出客家村寨独有的聚落模式。新农村的建设需要传承地域文化,发展观光农业同样需要建立在尊重本土文化的基础上。

(3) 农事活动

农事活动是集中反映地方自然风貌和风土人情的重要载体和旅游吸引,能够展示地方特色文化,满足旅游市场的需求。传统的农事活动包括:采摘、播种、垂钓、狩猎、喂养等。在农业观光园中,往往运用农事活动的不同表现形式来吸引游客,如苏州的未来农林大世界,发展延伸了传统的农事活动,设立了专门的蔬果采摘园,举办采摘节等活动使游客参与其中;设立趣味牧场,饲养传统家禽、牲畜,并将动物喂养、奶牛挤奶发展成为特色活动;设立鱼趣园,将传统的捕捞劳作微缩模拟到池塘中,用捞鱼、捕虾、捉泥鳅等活动形式来聚集人气。发掘当地特色的农事活动,能够提高游客活动参与度,促进观光农业的发展;发展农事节庆活动,可以提升景区知名度,以周期性节庆活动吸引旅游者前来体验、参观、游览和休闲。

(4) 饮食文化

中华饮食文化源远流长,是中华民族文化宝库中一朵璀璨的奇葩。地域差异与民族差异都影响着饮食传统。中国的一些地方小吃往往伴有神奇的典故传说,耐人寻味,这些传说使得名点和名菜更为诱人,如孔府菜式中的

"烧秦皇鱼骨""带子上朝""油泼豆莛""诗礼银杏"等,一道菜一个故事。饮食文化结合旅游活动,对于提升民族文化经济价值、促进旅游业与餐饮业发展,都有着积极作用。饮食作为观光农业园的旅游产品之一,在观光农业收入结构中占据了举足轻重的位置。以美食为主题的"农家乐"遍地开花,如徐州的烙馍村,不仅吸引本地美食爱好者,也深受外地游客喜爱,传承发展的徐州特色美食"八大碗",蕴含着深厚的本地饮食文化。随着文明的进步,人们越来越注重进餐时的精神享受,发展观光农业,同样需要重视地方特色饮食文化的挖掘开发,使游客得到物质与精神的双重满足。

3. 科教资源分析

观光农业具有科学教育、普及农业生产知识的作用,而作为生产展示的主要有农业基础较好的传统农业,以及运用先进科技的新型农业,其中包括农业设施、农业科技等科教资源。

（1）农业设施

农业设施主要包括农产品贮藏加工、水利设施、交通和通信设施等。如澳大利亚的传统葡萄酒厂常常利用自身优势开发葡萄酒旅游,允许旅游者游览参观葡萄园、酿酒厂和产酒区等景点,并且还可以参加包括制酒、品酒、赏酒、健身、美食品尝等一系列娱乐活动,让游客通过参观其基础设施了解葡萄酒生产过程及相关知识。

（2）农业科技

农业科技资源主要包括新奇的农作物品种、先进机械设施、新能源、新技术、农业产品科教等。如上海孙桥现代农业园,工厂化农业是其重要特色,园区内采用了先进的花卉果蔬栽培技术,包括台湾蝴蝶兰高档温室、荷兰自控玻璃温室、立柱式水培等,其中相当一部分广泛采用了无土栽培、微生物工程和自动化管理技术。园区以先进的农业科技向游客展示和传递现代化的农业生产知识。

4. 旅游区位分析

旅游业的开发涉及微观区位与宏观区位的联合开发,观光农业建园地的区位条件,是决定观光农业能否建设及建设成功与否的首要因素,好的旅游产品开发必须充分了解旅游地的区位条件,并将其区位优势最大化。从旅游区位出发,区位条件大致可分为资源区位、客源区位和交通区位。

（1）资源区位

旅游资源区位是从资源供给的角度,研究旅游资源对于市场的吸引力及影响力,也是针对区域内和邻近地区旅游业竞争情况进行分析的判断依据之一。旅游资源是旅游业发展的基础,丰富而具有相对独特性的资源往往成为发展旅游业的决定性条件。发展观光农业的旅游资源可分为自然、人文、生产三大类,自然资源包括农业景观、植物景观以及水体景观;人文景观包括聚落景观、农事体验、风俗文化;生产景观包括农业生产、产品加工、农业设备等。在农业观光园选址时,应重点考虑自然景观,再考虑人文景观,并兼顾生产景观,得到自然、人文、生产相结合的最优方案。

（2）客源区位

客源区位是立足于旅游目的角度来看待周围旅游地(景区,景点)的吸引力,是从需求方面分析对区域旅游业产生的影响,分析旅游目的地相对于有地域差异的居民出游的空间关系。客源市场是促使开发商做出开发决策的强有力的外部推动力,也是旅游业发展的重要外在基础。客源区位主要的影响体现在:客源市场的大小与规模决定观光农业园的客源量;客源市场所在地区居民出游能力、旅游文化需求与农业观光园的客源量呈正相关。农业观光园是时间、空间限制性较强的旅游产品,故对于客源区位尤其需进行准确分析,慎重选择。

（3）交通区位

交通区位是开发旅游地的关键,旅游交通是实现游客在客源地与旅游目的地间流动的主要通道。交通不便,可达性差,往往成为旅游资源开发困难、旅游经营惨淡的直接因素。往往拥有绝美自然景观、独特人文吸引的旅游地,由于交通的闭塞而不被认识。而农业观光园往往位于城市郊区,服务于周边城镇,客源地相对集中;游客往返距离较短,公共交通可方便到达的区域即拥有了交通区位优势。

四、场地现状分析

农业生产本身受场地现状条件影响巨大,农业观光园作为一种以农业为生产展示的园林类型,其发展方向受自然环境和现有的人工环境条件双重影响。

1. 自然环境分析

农业观光园的建设热潮下,盲目的人工景观背离了田园景观的休闲随性,许多不切实际的设计使得观光园缺乏文化内涵,无法同环境融合且大大增加了建设成本。在农业观光园选址地现状条件考察时,需要对其自然地貌及景观进行分析,并考虑其是否能够满足农业生产要求。

（1）地形地貌

地形地貌因子可以从坡度分布与分级、沟谷分布数量结构等方面来考虑,选址地地形地貌的自然特色与分布规律,为观光农业景观格局形成原因的剖析、景观功能设计和景观空间动态研究提供了基础。对于地形地貌的合理利用,可以以较少的人工干预来突出体现自然风景和田园特色,不仅体现远胜人工山水的景观,也保存了农村特色。如偃师市古路沟高科技生态农业观光园,根据园区内不同的地形,规划为山顶远眺区、坡地观赏果园区、动物圈养游乐区、林中休闲区、住宿服务区、空中观光区、休闲养生区。

表 2-1　不同地貌条件适宜发展的产业类型

地貌条件	适宜发展的产业类型	发展内容
地势平坦,农业基础佳	以生产型为主	果蔬、花卉生产基地,大型综合观光农业园
地形起伏大,环境优美	以休闲观赏型为主	采摘农业园、综合农业公园、农业科技园
地貌丰富,农村特色明显	以综合度假型为主	休闲农业园、体验型农业园

（2）地质土壤

不同的地质、土壤会影响土地的利用方式。地质构造决定着岩层的分布,并且对地貌的形成具有控制作用,不同地区构造运动不同,可以形成不同的地貌分区,从而决定土壤的分布,土地利用方式也随之改变。在我国,主要有以下几种土壤:黑土、白土、砖红壤、棕壤、黄土、红壤等,其中,以黑土的质量最优良,这种土壤以其有机质含量高、土壤肥沃、土质疏松、最适农耕而闻名于世;而我国南方大多位于热带和亚热带地区,广泛分布着各种红色或黄色的酸性土壤,自南而北有砖红壤、燥红土(稀树草原土)、赤红壤(砖红壤化红壤)、红壤和黄壤等类型。由于不同土壤所含的肥力、pH、渗水力、保水力等的不同,适合不同的作物。

如河南固始县,区域内土壤主要是黄棕壤。土壤表面呈暗棕色,表层腐殖质含量较多,有机质分解充分,通常呈弱酸性,pH5.0～6.5,土层厚度为30～50 cm,腐殖层厚度为10～20 cm,土壤土质比较适合板栗、茶、油桐等经济树种,松科、杉科植物以及连翘、胡枝子等灌木,适宜果树栽培,可发展观光采摘为主的城郊农业观光园。

（3）气候水文

农业是对气候水文变化最敏感的领域之一,光照、灌溉、温度的变化影响着大部分作物的生育期、产量,并影响着农业种植制度和作物布局,充足的光照、灌溉水源等是农业发展的基础。对于不同农作物的种植,需要不同的温度、光照、水源条件,故在对种植产业进行规划前,需充分了解规划地区的气候水文状况。

如河南襄城,属暖温带大陆季风气候,四季分明。呈现春季时间短,干旱多风,气温回升快;夏季时间长,温度高,降雨相对集中;秋季时间短,昼夜温差大,降水量逐渐减少;冬季时间长,寒冷少雨雪,霜期较短,适合进行各项农业生产。根据相关资料统计,襄城县年平均气温 14.7 ℃,年平均积温 5 463.8 ℃。日平均气温 7 月份最高 27.6 ℃,1 月份最低 0.8 ℃。极端最低气温为－15.3 ℃,极端最高气温 42.3 ℃。全年平均日照总时数为 2 281.9 h,年平均日照率为 52%,全年太阳辐射总量为 121.49 kcal/cm^2。农作物生长季节的太阳总辐射、光合有效辐射及日照均比较充裕,可满足农作物一年两熟的需要。年平均雨量 1 118.7 mm,年最大降水量为 1 400 mm。总体而言,襄城的气候条件非常适宜农作物生产,利于南北多种蔬菜、花木的种植。

水文条件对于农业观光园而言,不仅具有灌溉的作用,更是园林造景中不可或缺的部分。对于现有水体的利用,可以对其进行景观化设计,为游人提供一个良好的休闲、游憩、娱乐环境;并且,水域往往可以展开各种水上活动,如划船、垂钓、水上娱乐等,园区的休闲娱乐区往往会通过水景的设计来聚集人气。

(4)现状植被

现状植被分析包括规划场地范围内的现存植被以及规划所在地常用植被。在农业观光园规划中,场地现状植被往往作为园区的基底,并在此基础上加以扩充丰富。如苏州的东山,是苏州吴中区物产丰饶的鱼米之乡、花果之乡,传统的农业种植中形成了连绵的良田及层叠的茶树,在进行观光旅游发展规划时,延续了原有的农田、茶园景观,并在此基础上种植橘子、枇杷、板栗、杨梅等果树,形成浓郁的自然大森林氛围,每到果实成熟的季节,上山采果的游客络绎不绝。

2. 人工环境分析

在农业生产过程中,为了克服自然干扰、提高生产效率,形成了各具特色的人工环境。在农业观光园的规划设计中,选址地内部交通、生产设施及现状建筑都是需要考虑的部分。

(1)内部交通

农业用地往往会形成阡陌交通的景观,现代农业发展中,除了满足生产而设的田埂,通常会规划连通外部的生产道路。在具体的农业观光园规划时,需要根据场地条件保留或更改生产道路,并考虑其与外部的连通状态。

(2)设施、建筑

农业设施是发展农业生产的重要基础,对于现状设施的利用、发展会影响园区结构形成。如广州的芳村西塱,拥有悠久的观赏鱼养殖历史,区域内形成鱼塘密布的观赏鱼生产基地,在对其规划设计时,则基于原有的鱼塘设施,形成观赏鱼养殖示范区、种苗科研示范区、展销物流服务区和休闲旅游区四大板块。

农业观光园规划用地除了用以生产、种植的农田、林地外,通常还包括管理设施及建筑。对于园区后期农业设施、园区内服务建筑,可以考虑在现有的建筑基础上加以利用改造,现有的村落、农村建筑可以考虑保留传统元素以发展具有特色的生态村落。如南京江宁的郎坊村,在传统农村建筑的基础上,添加民俗文化的元素,形成农家餐饮、农家客栈、民间作坊等具有文化展示、休闲娱乐功能的旅游基地。

五、综合评价

我国当前观光农业园发展存在一系列问题,除规划、后期管理不善等,功能缺陷、类型趋同、重复建设等问题归根究底是由于选址不当或盲目选址。

前期分析缺乏对于选址地旅游资源分析、定位及目标对象的分析，导致后期发展阶段暴露选址缺乏科学论证、经营不善等缺点。科学选址刻不容缓，对于不同类型的农业观光园，须从目标定位、立地条件、场地自身条件等多方面考察分析，为科学的选址、规划提供依据。

第三章
现代农业观光园发展定位及项目策划

一、发展定位

对于现代农业观光园的开发,重要的是确定观光园自身优势、定位发展的方向。不分侧重,什么项目都开发,会失去自身的特色和持久的生命力。分析观光园营建背景条件和自身建设条件,根据农业观光园的分类,即产业生产为主、休闲观光为主、产业与休闲并重三个方向,结合地区的地理区位、经济水平、资源特色、客源市场来确定合理的农业观光园发展定位,可以为观光园的下一步开发提供准确的发展方向,避免由于缺乏对观光农业园自身发展方向的了解而导致开发的盲目性、造成资源开发不合理、带来经济效益的损失和生态环境的破坏。

二、主题创意

根据农业观光园的发展定位确立其主题形象,这对后期的空间布局、产业规划、游憩规划等方面均有统领作用,在建筑设计、风格取向、植物配置乃至推广营销等专项规划上也有指导作用,一系列环节都是围绕着主题这个核心而展开。创意是现代农业观光园的生命之源,只有独具匠心、不落俗套的创意与建园理念,才能使园区在大规模建设热潮中具有独特的吸引力。

1. 主题定位

对于形象的关注逐渐成为当下人们的欣赏常态。信息化社会里,消费者均有一定程度的形象导向思维和形象消费模式,即越来越依靠主观感觉认知购买产品,旅游产品也不例外。研究证明,旅游主题形象既是旅游主体对自身的理解和诠释,也是旅游者对旅游主体的感知。旅游主体的主题定位对于旅游的选择和后续活动起着非常重要的作用,其主题形象更偏重于理念和语言,优秀的旅游主题形象对旅游发展有画龙点睛之功效。

现代农业观光园作为新兴的旅游产品,其主题定位需要紧密结合园区的地脉和文脉、空间环境以及农业资源特点,根据项目目标和相关政策法规,动态把握目标人群的游赏动机和心理需求变化,科学地、审慎地确立。一个独特新颖、富有张力的主题可以使观光园具有较长时间的竞争优势。

（1）主题定位依据

目前，我国现代农业观光园的主题规划尚未引起重视，主要表现在观念更新滞后、追求短期效益；缺乏整体规划、项目建设雷同；项目规模较小，产业链条残缺；基础设施老旧、经营模式落后等方面。针对种种建设问题，确定合理、鲜明、新颖的园区主题尤为重要。

旅游主体的主题定位是基于其资源禀赋和产品特色，按照市场性原则，综合运用各种现代传媒手段构建的包含旅游理念、语言、标识、视觉感受、行为、服务等方面的印象体系。基于现代农业观光园的旅游特色，其主题定位多从以下角度入手。

① 地理区位。选址好坏是影响农业园成功与否的一个重要区位因素，尽量位于交通主干线旁或附近，有次级道路作辅助，视野开阔，可以向经过的乘客展示标志性景点，相应有足够的水、电、污水处理等设施。若周边环境优美、风光旖旎，则更能提升农业观光园的吸引力度。以此确立农业观光园主题，可以优化园区的景观软实力。

② 优势资源。当地如果具有独特的自然资源并具有较高的文化、审美价值时，其主题的选取往往是以当地的原生旅游资源为基础。现代农业观光园的优势资源可能是基地内的某些特殊自然资源，如温泉、原生树林、文化遗址等，这类资源具有不可复制的特性，是一个农业观光园区别于其他农业园区的重要标志。

③ 主要功能。现代农业观光园的功能无外乎三个方面：生态功能、经济功能、社会功能。根据前文提及的园区分类及发展定位可知，以产业生产为主的农业观光园偏重经济功能，景观功能其次，以休闲观光为主的农业观光园则相反。园区在塑造主题形象时需依托园区主要功能，结合当地市场需求，将园区资源按照主题进行组合，构建出一个崭新的、独特的满足市场需求的平台。

以产业生产为主的农业观光园，需强调其经济功能，在不影响园区生产的前提下，开发游憩活动项目，以生产带旅游；以休闲观光为主的农业观光园，则相应地充分挖掘园区的景观资源，以旅游促生产。这两种模式都需要明确自身发展定位，由此确立主题形象，形成园区发展的良性循环。

④ 文化内涵。农业园的主题定位要体现农业园的文化内涵，以特色农产品生产、农事文化体验、农村生态环境等为基础，其中与特色产品相关的文化要素的挖掘是十分重要的环节。实际上只要能与基础资源相关的文化内容都可以成为主题的依据，不同地区不同领域的文化差异性正好是主题变化丰富的源泉之一，例如宗教文化、历史文化、生态旅游文化、现代休闲文化以及社会、文学、美学文化等。例如成都市区内以竹文化为主题的望江楼公园，以生态净水文化为主题的活水公园，以历史文化为主题的武侯祠、杜甫草堂等。再如湖南通道县丰和山庄通过挖掘侗族古代建筑精髓，展现侗族建筑的特色，提炼具有代表性的建筑符号和语言，延续当地聚落布局特点。

⑤ 特色内容。特色内容需要突出个性与特点，通常会借助高科技的设

计手段来完成,这类主题的可开发性和拓展空间比较大,但同时也会有一定的局限性,需要平时生活的积累和特色内容的收集,如童话幻想、地理特色、影视娱乐等,都可以成为主题创造的依据。

（2）主题策划原则

农业观光园景观的主题策划需要开辟独特的创意视角,提炼主题概念,把握主题的独特性、唯一性和市场性。

① 概念创新。概念创新是指要实现主题的创新性,避免同质化,其选取范围并不限定为农业,可以是任何领域的主题。另外,主题的选取对象、手段、方法均要讲究策略,要将农业资源等用一种全新的手法表现出来,做到人无我有、人有我优、人优我特。

② 品牌塑造。园区的主题形象表达了对园区的整体认识,具有长期效应。一旦确立,务必有可持续发展的观念,在今后的改进升级过程中,避免经常更换改动、让人们难以记住。园区品牌的塑造依托自身资源特色,需整合并筛选可利用的现有资源,在此基础上进行针对资源的创意,从园区的主打产业出发,挖掘自身经营特色。现有资源不能仅仅考虑到物质资源,还要考虑到园区的非物质资源,通过市场需求、消费受众等前期分析,确定园区主题,细分概念,突出亮点,打造出自己的特色品牌。

③ 迎合市场。现代农业观光园确立主题形象的目的,是为了营造独特景观和创意氛围来吸引游人。游客是园区的使用主体,从这一角度看,园区主题设计必须要以市场导向为原则,抓住市场热点,引导潮流,具有市场前瞻性,进行目光远大的市场培育。在把握游人消费趋势和心理需求的基础上,确定园区主题、进行创意设计、营造活动氛围、协调安排活动周期与时空规划等一系列工作。

2. 创意理念

从宏观层面来说,创意理念作用于农业观光园的整体主题策划,使观光园具有独特性和景观吸引力。不断提升创意来丰富农产品和农业形式的个性化,才能打破传统的束缚,创造新的价值。从微观层面来说,创意理念的融入在于利用艺术手法实现景观的创意性、利用技术手段实现农产品的艺术性。如北京的密云金叵罗迷宫种植园里的景观小品,运用夸张的艺术表现形式将南瓜融入到景观小品中,突出园区主题氛围,形成良好的景观效果。

园区创意理念表现在以下几个方面。

（1）前期资料收集

创意资源的收集是园区创新之源,主要分为以下两个方面。

① 当地自然资源、人文资源等基础资源给予的直观感性认识,要求规划者对场地进行实地考察、市场调查,形成初始印象,并在此基础上获得创意和灵感。

② 借鉴相似案例的各种创意主题、创意素材,获取灵感。国内外优秀创意案例、设计师的经验等都是创意的来源,间接运用常常能产生新颖的创意。

结合设计对象的实际情况,对这些创意添加新内容、进行改造,以形成新的构思。

创意资源汇集之后,需要对其进行整理筛选,避免杂乱无章、不能为我所用。规划者根据公正性、时效性和可靠性原则,取其精华去其糟粕,合理筛选以确保创意资源的可靠性、特殊性和有效性。

(2)构思规划过程

创意设计阶段是最重要的阶段,要善于运用创意思维思考,打破常规思路,利用想象和联想创造新的具有感染力的景观。找准创意的切入点很重要,景观设计的创意可以从不同切入点展开,但景观这个信息载体的容量是有限的,所以我们只能选择最具特色的部分来进行创意思维。

在确定较优方案的过程中,要时刻考虑各方案的可行性,结合园区实际,最后形成一个科学合理的设计方案,尤其要对各种创意所产生的影响和效益进行评估和论证,以期达到最佳的设计效果。

(3)后期运营发展

对于旅游活动来说,后期的营销推广必不可少,也是非常重要的一步。一个成功的营销推广对于园区的市场影响力具有非常重要的意义。运营发展过程中,需把握旅游发展趋势,抓住市场需求契机,结合产业与景观资源升级形成新的创意资源,如园区嘉年华活动的策划、利用节庆宣传当地民俗特色等营销方式。

三、项目策划

现代农业观光园的项目策划是将观光农业资源转化为观光旅游产品,并推向市场的过程。因此,旅游产品项目的开发便成为影响园区持续发展的关键因素。

1. 选择条件

项目策划需要以园区资源特色为基础,以旅游者需求为导向,适应市场的变化和旅游发展趋势并具有一定超前性。另外要根据其发展定位和主题形象,从经济规划和空间规划两方面入手,由空间布局承载和实施各项目的规划目标。现代农业观光园的项目选择需要满足以下条件。

① 科技含量高且适合园区发展水平;
② 符合农业观光园的性质定位和建园主题;
③ 满足市场需求并顺应发展趋势;
④ 充分考虑开发难度和投资风险。

2. 策划原则

当前部分现代农业观光园区并未采用专业、科学的游憩活动规划设计方法,项目雷同性很高,营建效果并不理想。只有通过系统化、合理化的组织设计才能够保证项目策划的合理性和实用性。

（1）避免过度设计，保证园区正常运营

园区内旅游项目的策划，应当以不影响园区内的农作物种植和产业运作为基础，在保证"生产第一"的同时避免过度设计、过度改造和过度装备，应通过添加简易且具特色的游憩设施和景观处理以增加环境氛围，提升园区空间美学价值。某些农业观光园区为了追求新奇的效果，在园区中设置了大型游乐器械，不仅未能达到吸引游客的目的，也不利于设备维护管理，更加大了生态干扰。

（2）减少生态影响，强化保护意识

园区内部的产业配置、农作物分布均是经过专业人员悉心设计，某些种植区应避免旅游项目的干扰，甚至禁止游人进入，特别是某些作物传粉季节更需注意。由于农业观光园所处的地理区位，物种多样性较为丰富，生态环境良好，因而任何游憩活动都要降低生态干扰，以保障园区内各物种生长。另从农业观光园的教育功能来说，对于环境、植物保护的本身也是对他人劳动成果的尊重。

（3）针对市场需求，设立具体定位

① 依照实践调查，确定农业观光园的主要观光人群，了解人群的家庭结构和年龄段，特别是要关注青少年和老人的参与。

② 在了解人群构成的基础上，对于游人倾向的活动进行研究分类，包含动态类和静态类的活动。

③ 充分尊重各地的地域特色和园区自身的风貌，避免"南树北移"等带来的经济损失；避免将水源充沛地区的游憩项目"移植"到干旱地区的园区，例如踩水车等水上游憩活动。

依据设计原则，具体项目的设立依据各个园区自身资源环境的特点，搜集市场导向资料，合理统筹规划，使园区的项目策划在整个园区运作的统筹之下，产业与旅游业紧密结合，从而提高经济效益。

3. 资源基础

随着旅游业不断发展，人们对农业观光园的要求已不仅限于提供农业产品和采摘体验；为了吸引游客，农业园不断根据自身条件开发观光项目。凡能对旅游者有吸引力、具备一定旅游功能和价值的游憩资源均可为旅游业开发利用。本小节通过对农业观光园游憩资源的分类与梳理，统计园区自身的参与类和观光类资源的比值，规划游憩重点，设计游览时间和路线，避免园区活动重复化、单调化的弊病，并能够为游人的游憩活动选择提供游玩建议。

目前，农业观光园的旅游资源主要有农业资源与人工设施两类，依据所在区域、游憩目的与游客群体的差异而有所区别。

（1）农业资源

区别于城市公园等旅游场所，农业观光园的旅游优势在于其独特的农业景观。因此，对农业资源的梳理和运用应当是农业观光园项目策划的基础，游客对游憩需求逐年增高,灵活运用丰富的农业资源,成为发展游憩机会和形成市场影响力的主要利器。

由于农业资源不仅限于农业生产,也包括了园区生态环境、农户生活形态以及农业文化类的庆典活动,这些皆可以作为具有游憩潜能的资源。农业游憩资源的丰富程度决定了园区内部游憩活动的吸引程度,依照游客的游憩方式将其梳理分类,如表3-1所示。

表3-1　农业游憩资源分类表

类型	种类	资源内容
参与体验	农事体验	农业作物、渔业、畜牧业、家禽家畜、农具等
	庆典活动	表演活动、工艺等
	娱乐活动	垂钓、野炊、餐饮、乡村生活等
观光展示	田园风光	产业景观(农田、林地、鱼塘等)、自然风光、农村(村落等)景观等
	农业文化	历史遗留古迹、各类农具(石臼、水车、石磨等)、农村习俗等
	科普教育	温室、大棚、科技展示、农作物生长及病虫害分辨等

依照游客短期旅游的需求,将资源分为参与体验类和观光展示类两大类型,通过观光展示,使游客对农业生产的过程具有初步的了解,对农村生产生活产生兴趣,并依据个人喜好选择适宜的参与体验类活动。

(2)人工设施

农业观光园的人工设施主要区别于其农业资源而言,如某些大型农业观光园可能设有度假区域,其中的场所建筑以及娱乐设施与景区中度假村配置基本类似,如健身场、游泳池、欧式亭廊等,这些设施以现代风格为主,并不具有农业特征。其存在多从功能性角度出发,满足园区的服务功能并适当增加娱乐性质。

通过将游憩资源分为农业资源和人工设施,并从游玩特性将农业游憩资源分类,不仅突出农业风味,也便于游客参考选择。基于农业观光园的园区性质与建园特色,农业游憩资源是农业观光园旅游项目体系建立和特色展示的核心基础。依照农业游憩资源不同的游憩潜能和体验方向,可以发挥农业游憩资源的教育性、娱乐性以及参与性,满足游客对于休闲游憩的需求。

4. 项目类别

依据前文提到的游憩资源分类和策划原则,将资源导入园区,与周边环境相结合从而形成具体的活动项目,这些项目应当提供休闲舒适的体验、健康淳朴的生活方式、丰富的农业生活知识以及对自然生态的充分展现。参考普遍性的项目分类方法,本文提出对农业观光园旅游项目开展及规划有指向性的项目分类(表3-2)。

表 3-2 旅游项目分类及主要项目形式

	游	购	吃	住	学	行
参与体验	农事耕种、畜禽喂养、垂钓捕捞、活动参与	自采果蔬、畜禽产品、作坊产品、农家小食	农家菜肴、野炊烧烤、自我加工产品	露营、农舍	农事工具制作、主题项目参与、民俗参与体验	步行、当地传统出行方式(牛车、马车)等
观光展示	庙会、祭奠仪式、传统歌舞、乡村景观	文化衫、纪念品、主题产品	特色美食街	当地传统屋宇、附属住宿设施	修身疗养	步行、观光缆车

　　以资源利用为导向进行分类,具有非常好的游憩方式指向性和参考性,有助于游客了解园区特色和主要游憩活动。园区的旅游项目可分为参与体验型和观光展示型,通过观光展示,使游客对农业生产的过程具有初步的了解,对农村生产、生活产生兴趣,并依据个人喜好而选择适宜的参与体验类活动。以观光展示类资源为主导的农业观光园可减少休憩、住宿等设施,增加园区内运载车辆,以车上观光为主,重点展示农业文化或农业科学技术。相反,以参与体验类为主导的农业园区应当增加住宿、休憩和餐饮设施,延长游客游玩观光的时间,以丰富的娱乐活动提升自身价值。落实到游客体验行为上,即为游、购、吃、住、学、行等方面。

　　农业游憩资源具有多样的游憩发展潜能,为农业观光园中游憩活动提供无限的可能性;同时,将农业游憩资源按季节和游客需求层次的不同,互相组合成具有自身特色的游憩活动,提供多样化的游憩环境。依照农业游憩资源不同的游憩潜能和体验方向进行归类,可最大程度发挥农业游憩资源的教育性、娱乐性以及参与性,满足游客对于休闲游憩的需求。

四、规划设计原则与策略

　　多数农业观光园是以原有农场基地为基础发展的,原有场地主要以生产为目的,景观未经雕琢,道路结构单一。为满足游人游览的需求,现代农业观光园利用系统的规划手段对场地进行产业整合、景观提升,以期形成集农业生产、观光旅游、科技示范、科普教育等功能于一体的复合系统。

　　近年来观光园建设如雨后春笋,每年吸引着数以万计的游客。但由于规划手段的单一、理论系统的疏漏使得当前农业园的营建还存在一些问题,如主题定位不明确、规划不系统、布局不合理、资源开发不足、园区同质化严重等。针对以上问题,现代农业观光园的开发建设需要完善、系统的专业理论指导,需要与时俱进的规划原则约束,更需要合理的规划手段使得园区的规划建设可持续发展。

1. 规划设计原则

（1）以人文本

现代农业观光园的服务对象是游客群体,其规划设计中应强调"以人为本"的核心思想。以"人"为本分为两类目标人群。

① 外来游客。这需要从旅游学角度出发,深入分析客源市场,研究游客的心理需求,提高服务质量,努力提升农业观光园的人性化设置,不断增强其市场竞争力和品牌效应,以提升园区的吸引力,打开广阔的客源市场。

② 当地居民。这需要从经济规划、生态保护角度出发,通过农业观光的发展带动当地农业产业发展和生态效益的提升,当地居民的参与可以强化园区的主题形象,保证规划项目的顺利实施。

（2）因地制宜

因地制宜指根据区域或场所自身的自然特征和客观条件,选择合适的设计开发策略。农业观光园建设中的"因地制宜"主要体现在如下方面。

① 合理利用资源。杜绝景观设计中的浪费与不合理现象,注重经济性原则,合理地保留利用现有资源,找到舒适、美观与节约的平衡点;在开支最小化的同时实现景观效果最大化,利用现有资源营造出高品质的景观,最大限度发挥生态效应和环境效应。例如在设计中注意采用挖填均衡的建构模式,挖湖筑山,丰富景观层次并增加绿量;构造集雨水收集、水景营造、绿地灌溉于一体的水系内循环管理模式,提升水的利用效率;在保证游客使用舒适的前提下,尽量利用闲置空间,避免"过度设计";尽量使用乡土材料和当地传统工艺,既减少对自然的影响,又增添乡野风情。

② 鲜明园区特色。特色是旅游发展的生命之源,越有特色其竞争力和发展潜力就会越强。因此,总体规划需与园区实际情况相结合,明确资源优势,准确找到发展突破口,保持其"人无我有、人有我精"的垄断性地位,突出主题,提升园区吸引力。例如北京市门头沟区的"妙峰樱桃园"、平谷区的"桃花海"等,无一不是以特色取胜的范例。

③ 强调地域文化。地域风貌是当地发展过程的见证者和主要载体,在设计中应挖掘、保留和尊重当地的田园风景、布局特征、建筑样式,传承当地节日庆典、日常生活、艺术文化和饮食习惯等方面的风俗,使其具有乡村鲜活淳朴的独特魅力。根据立地条件,深度挖掘当地文化精髓,充分发挥场所精神,营造浪漫、感性、富于文化底蕴、令人动容的景观。

（3）效益兼顾

现代农业观光园规划设计的核心目标是借助园区的发展建设,实现园区及其辐射范围内的经济效益、社会效益和生态效益得到综合提升。各种相关效益之间存在冲突与联系,这需要规划者统筹协调,使其平衡发展,三面兼顾。

① 经济效益。经济效益是农业观光园建设和发展的关键因素。一方面必须从经济因素上考虑项目建设的可实施性,是否与当地的社会、经济条件

相适应;另一方面必须从农业经济的运营、农业品牌的打造、区位交通和社会成本等经济因素上考虑规划设计的呼应。

② 社会效益。农业观光园项目建设的社会效益是双向的。一方面,要求在市场分析和市场定位、遵循市场经济规律、满足旅游者需求的基础上,作出正确的价值判断,以优质的产品去满足旅游者的需要;另一方面则要融合现代文化与传统文化,使以往单调的农村观光游变为充满魅力的农耕文化体验之旅,在游赏过程中向游客传输璀璨的农业文化内涵。

③ 生态效益。当前,全球环境变化和可持续发展已成为世界各国政府和科学家所关注的问题,农业景观变化对生态环境的影响极为深刻。农业景观的变化结果不仅改变了景观的空间结构,影响景观中能量的分配和物质循环。不合理的土地利用造成土地退化、非点源污染等生态环境问题,对社会和经济产生严重的影响。园区内的人类活动行为可以有效控制,从而将对环境的冲击与破坏减少到最低,使得人类活动与环境保育维持动态平衡,也使得自然资源与生态体系均衡发展。园区规划的生态原则是创造园区恬静、适宜、自然的生产生活环境的基本原则,也是提高园区景观环境质量的基本依据。

(4) 开发与保护并举

目前,农业园规划建设和园区内的农业生产经营、休闲体验等活动均以自然和谐共存为最高准则,必须遵循自然生态规律,在保护和开发过程中实现提高农业的开发和利用,以确保园区景观的完整性、原始性和生态性,具体体现在以下两方面。

① 在环境承载力允许的条件下进行开发。对农业观光园的规模进行控制,保证对园区内的农业环境、生态系统予以有效保护;对游客规模和活动方式进行控制,避免对园区环境的大规模、深层次破坏。在设计中,可通过自然的手段培育景观在农业生态的进程中健康生长,建设生态绿色廊道;通过地形塑造使雨水向河道汇聚,形成雨水收集体系,进行雨洪管理;以地形和水体来塑造宜人的小气候环境,形成可持续发展的生态结构体系。在规划的尺度上,可充分应用农作物的景观功能,创造宜人的游憩环境空间。

② 开发的程度与当地的社会、经济条件相适应。采用当地生产力水平可承受的先进农业技术,不盲目追求高新技术而造成经济负担、阻碍农民生活水平提高;建设项目需经过审慎的论证和规划,不盲目建设,以及不盲目追求大的建设规模。

现代农业观光园的景观塑造很大程度上依赖于原有的景观条件,因此,开发中重视原有生态环境的保护,对于构建园区生态有着重要意义。贯彻开发与保护并举的理念,可以最大限度地保留自然风貌,使当地特色原汁原味地在园中体现,也在一定程度上减少开发过程中不必要的浪费。

(5) 近期与远期协调

可持续农业是当今世界农业发展的主要趋势之一,而农业的可持续发展,要求人们的农业生产经营活动乃至生存,应以人与自然和谐共存为最高准则。人们在改造自然、提高农业生产力的同时,必须遵循生态规律,兼顾当前与长远利益,协调生产、发展与生态环境之间的关系。

现代休闲农业园区的规划是一个庞杂的系统工程,需要整体规划、分期建设。要有计划地分期实施,逐步建设,这就需要做到科学分析、合理布局。为保证休闲农业园健康良性地发展,一是要科学规划,严格按规划组织实施;二是要合理分配资金,进行分期建设。

在功能分区、产品选择和景观营造等方面,充分考虑市场的容量和趋势,适时调试,不断优化;在保护与开发自然资源过程中,不断提高资源的质量与利用率,使得观光农业具有长期、稳定、持久、永续增长和发展的能力。

2. 规划设计策略

无论农业观光园如何发展,其基本要素都是生产农产品,这一点不会改变。旅游业的介入分担了部分劳动力,创造了部分价值,但归根结底都只是产业生产的附属形式。因此,现代农业观光园的规划设计应该围绕农业生产、农业旅游产品、农业项目开发来做文章。

产业规划定位方面,要明确基地的优势产业资源,依据产业技术特色,明确主导产品和项目选择,从而提高整个园区的核心竞争力;休闲观光的规划则应充分利用产业资源的景观功能,创造宜人的游憩环境空间,要结合农业生产和旅游开发两方面考虑,合理布局,协调好两者的关系。具体的规划策略有以下几点。

① 分析市场趋势,明确游客群体。为了突出园区的农业特色,应以农业开发为主体,在开发前做好旅游项目市场调研和可行性分析,科学合理地定位,明确客源市场,避免和周边地区旅游项目的重复。注重客源市场需求,增强游客吸引力、提升游客满意度以争取更多样、更广阔的来园群体。

② 立足产业基础,适当引进科技。以农业观光为特色的现代农业观光园,由于受到自身产业的限制,存在产品品种单一、旅游活动简单等发展劣势。园区发展过程中,切忌盲目强化旅游优势,而要结合自身产业特色,强化产业优势,扩大产业规模。

为迎合愈加广阔的客源市场,可适当引进先进科技打造园区的旅游亮点,即引进各式各样的农业高科技技术以及各种新奇优质的农产品。聘请国内外有关专家、引进先进科技成果、建立院校合作机制、联合农业科技部门等建立科技支撑体系,保障园区的科技持续创新,源源不断地为园区可持续发展注入生机。同时,要利用先进科技手段提高产品的质量,达到创收的目的。

③ 整合农业资源,突出地域特色。农业生产最大的限制是季节性。由于不同的农业资源具有不同的季节性,因此,可以在突出某一类农业资源的基础上,适当在其淡季引入其他的农业资源,通过资源互补来提高园区的生产能力,同时也延长了游客的游览时间。

另外,依托产业发展而生的农业观光园,其产业资源具有鲜明的当地文化特色,园区地域风格明显。在此优势基础上,可通过突显产业资源、生产方式等途径将地域文化融入整体规划中,有机统一,从而使园区发展独具特色。

围绕园区所在地的历史文化、民族风情、农耕文化等大力提升园区的文化品质内涵,为游客打造高品质的生态农业旅游。依托产业基础,通过合理的造园手法,利用植物、水体、建筑等造园要素深化园区的文化氛围。

④ 依托资源特色,开发多层次、多样化的旅游活动。借助产品特色挖掘游憩项目,可最大程度保留园区的乡土氛围,不仅能提升园区的品牌形象,也可带来良好的经济效益和社会效益。充分挖掘当地的各种旅游资源,尝试各种资源的重新组合。例如将现代设施农业和绿色餐饮结合开发,打造绿意盎然的温室就餐环境;利用传统农耕方式打造亲子活动空间,丰富不同年龄层次游客的互动体验;利用乡村的树林、小溪、草原等乡土自然风光,设置森林小屋、露营地、戏水区、餐饮区等各种游憩设施;依托开放成熟的果园、菜园、花园、茶园等,让游客自己观花赏果的同时亲自参与采摘,享受田园乐趣;通过展示先进农业高科技和优质农产品技术培育出的一些名、特、优、新的农作物品种,开阔游人的眼界,同时也起到了现代农业宣传教育作用。

第四章
现代农业观光园空间布局构建

一、农业观光园空间布局

农业观光园是农业景观、自然景观的融合,农业观光园的空间布局是指农业景观在一定空间范围内的布局结构,通常是以"点、线、面"的形式进行分布。在研究农业观光园空间布局前,应了解农业观光园具有哪些功能结构。农业的基本功能划分为若干层次,农业观光园区的空间布局应满足这些功能的需要。

二、农业观光园空间布局构成要素

农业观光园是一种新型的产业园区,研究其空间的构成要素对于后期农业观光园具体的布局,有着十分重要的意义。凯文·林奇在他的经典作品《城市意象》中提出城市空间分为五大要素,分别为路径、区域、边缘、节点和标志,本书在农业观光园空间构成的研究过程中,从凯文·林奇的城市设计理论出发,探究农业观光园的空间构成要素,分别是道路、植被、边界、功能区域、节点和标志物。

1. 道路

国内农业观光园大部分位于城市近郊,交通系统在农业观光园的发展中起着重要的作用,农业观光园在规划和建设中应充分考虑到场地交通的合理划分。在农业观光园交通道路布局过程中分为三个部分,即农业园区外部交通组织、农业园区内部交通组织和农业园区出入口交通组织。

(1) 农业园区外部交通组织

农业观光园外部交通组织,指的是外部城市道路与场地内部道路的合理对接。外部交通应能够方便游客到达园区内部,满足游客游览和农业生产等需求,通过各种方式引导游客到达园区内部。

(2) 农业园区内部交通组织

农业观光园内部交通是整个园区的骨架,联系不同的功能区域,是农业观光园整体形象的一种体现。农业观光园的内部道路交通在规划布局时,要充分结合当地的自然资源和农业产业结构,建设一个具有科学性和艺术性的农业旅游园区。内部交通在规划布局时应充分考虑到游人的游线组织和农业生产的要求。园区内部道路一般分为三类,一是园区内的主要道路,园区主路连接农业观光园的主、次入口,道路一般为沥青路面,宽 5~6 m,可通车,兼顾农业生产和游线组织。农业观光园主要道路景观的合理布置能极大地提高园区内的整体形象。在规划设计时可以融入当地文化元素,打造具有当地乡土风情特色的景观大道(图 4-1)。二是农业园区次要道路,连接农业观光园各功能区,路宽 2.5~4 m(图 4-2)。三是农业观光园的游步道,宽 1.2~1.5 m,设计应符合地形,材质应尽可能与周边环境协调,一般有木铺装路面、石材路面等形式。

（3）农业园区出入口交通组织

农业观光园的出入口交通组织是十分重要的。出入口交通不仅仅是农业观光园的交通枢纽之一,还是提升农业观光园入口形象的关键。在进行园区出入口交通组织时,首先需要满足园区入口处的相关功能要求,像园区主入口游客的集散需要、入口建筑空间场地的需要等。有条件的情况下可以考虑人车分流。园区主出入口的交通要流畅,尽可能地发挥出入口的景观形象功能,突出园区的形象和特点。在园区的入口处还应考虑到停车场的设置,满足交通转换的需要,运用现代技术和手法创造绿色交通体系。

图 4-1　由瓜果长廊构成的主要道路(左)
图 4-2　结合农业特色小品的园区道路(右)

2. 植被

植被空间布局对整个农业观光园的影响非常大,与一般的城市公园植物景观不同,农业观光园的植物不仅包括一般意义上的观赏植物,还包含栽培的农作物(如水稻、玉米、大豆、棉、杂粮、烟、茶、桑等),以及绿肥和牧草作物。结合农业观光园本身的特点,是以果树、大田作物、园艺作物等为主要造景植物,配合园区其他的景观要素,总结出农业观光园植物布局的要点:多样化、层次化、特色化和季相变化(简称"四化")。准确合理的植物规划布局对整个园区的影响是十分重要的。点、线、面上的合理配置,满足"四化"提出的种植要求,可以全面提升农业观光园的景观形象。

（1）多样化

农业观光园植物景观强调的是以自然生态景观为主线，以农业景观为特色，充分利用场地的原有优势，营造多样化的景观，打造出具有场地景观特色的多元化体验园。

农业观光园植物景观的多样化应该从立地环境的多样化、植物种类的多样化和植物景观配置方式的多样化三个方面来考虑。第一，应该考虑保留场所感，充分利用场地现有的优势，创造出符合场地特色的立地条件，量身定做属于农业观光园特有的景观。第二，在植物种类的选择上，不应该只局限于常用的乡土观赏树种，可以选择运用大田作物、蔬菜作物、药用作物、绿肥作物等来进行造景。第三，选择多种景观类型来提升配置上的多样化，如乔灌木可以孤植、对植、列植等；藤本植物可以采用墙面种植、棚架式种植等，还可以用作山石、台阶、剖面绿化；草本则可以选择花镜、花丛等景观类型。

（2）层次化

农业观光园的植物景观层次强调的是水平空间和垂直空间的景观要丰富，在规划设计时，可以通过乔灌木的果树、草本的大田农作物、藤本和草本园艺作物等植物间的搭配，来达到景观层次的高远和深远的效果。

（3）特色化

大多数农业观光园在规划建设过程中都存在一些问题，如现有场地缺乏景观的标识性、农作物种类少且模式单一、缺乏地方特色等，所以在设计时应当提出"特色化"这一植物景观配置要求。农业观光园在进行植物搭配时尽量选用当地的乡土树种，利用现有的农作物进行适当的改造提升。在设计时要大量选用果树、大田作物、园艺作物等植物来进行造景，从而提高农业观光园的景观辨识度，打造具有乡间野趣的真正意义上的农业观光园。

（4）季相变化

植物季相变化配置要点的提出基于三个方面的问题：第一是考虑到一、二年生农作物生命周期比较短；第二是农业观光园的农作物在生产种植过程中，会遇到农业病虫害等问题，所以农作物在生产时需要轮作、间作、套作等；第三是在对农业观光园进行调查研究时发现农作物种植地的闲置和斑秃现象。所以，时序化的景观呈现种植方式，对于改善农业观光园景观的品质有很大的促进作用，保证了景观的四季更迭。

3. 边界

边界是农业观光园布局中的重要影响因素。界面最重要的意义在于"隔断"。凯文·林奇将边界定义为："除道路之外的线性成分。一般是、然而不全是两个面积的边界。可以作为某种侧向的参照标准"。

农业观光园有着较为复杂的界面，边界的处理对园区内的空间感受影响很大，不同的地形地貌带给人们不同的空间感受。农业观光园的界面有其自身的特点，其边界是依托优美的自然环境和生产结构。

4. 功能区域

观光农业园空间布局中的功能区域,主要是指农业园的农业产业结构布局和相关功能的分布。不同功能区域的合理布局组成现代农业观光园空间结构。一般农业观光园通常包括农业生产区、休闲娱乐区、科普教育区和综合服务区等,根据要求合理选择功能区域的分布。由于地理环境、自然环境等方面的限制,农业观光园的中心往往都很集中,因为农业观光园的主要产业是农业、养殖和农业休闲旅游。因此,农业观光园总体空间布局往往采用以产业结构为出发点,以区域产业布局规划为切入点,以建筑布局为补充的方式。

5. 节点

节点指的是农业观光园的各个观赏兴奋点,一般布置在园区道路的转折点处或者在核心休闲区域。在农业观光园中观赏兴奋点通常有展示性的大棚、入口广场、主要道路的交叉点和人流的聚集点等。

6. 标志物

标志物主要是指农业观光园内的特色景观小品,这些景观小品常常会赋予当地的文化和景点特色,富有特色的标志物可以使人印象深刻(图4-3)。

农业观光园中的标志物不像城市中的那么明显,农业观光园标志物更为多样化也更为普通,像山地、水域、景观节点或一块广阔的农田都能作为农业观光园的标志物。有时候,特殊的自然地形的利用是创建标志物的重要手段,通常称之为农业观光园的大地艺术。合理的标志物布置对农业观光园空间布局的提升有重要意义。

图4-3　南京汤山七坊农业园茶室标志物

47

三、农业观光园功能空间类型

现代农业观光园的空间类型比较丰富,有农业生产空间、休闲观光空间、服务管理空间和道路线性空间等。农业观光园在进行空间布局时首先要明确农业观光园的空间类型,在充分尊重现状条件的基础上合理进行空间划分。

1. 农业生产空间

农业生产空间在农业观光园中占有很大的比重。生产性空间主要是由生产性温室大棚和大片的农作物组成的,生产性空间面积一般比较大,空间类型相对单一,在处理农业生产空间时,要把握好生产性空间的尺度和不同农作物的生产区域划分,提高农业观光园的经济效益。

2. 休闲观光空间

休闲观光空间的类型相对丰富些,空间形式上要统一中带有变化,休闲观光空间一般是选择在园区内地形和植被较为丰富的区域。通过地形、植被、建筑、水系的围合形成多样的空间类型,给人带来丰富多样的景观感受。

3. 服务管理空间

农业观光园中的服务管理空间,主要是依据农作物的生产和人的需求来布局的。服务管理空间一般是由建筑围合形成的空间类型。

4. 道路线性空间

道路线性空间是农业观光园的骨架,道路线性空间能够提升农业观光园的整体形象,农业观光园的产业结构和休闲活动内容确定好之后,就要考虑道路线性空间的布局,使之联系各个功能区域,成为统一的整体。

四、农业观光园常见空间布局模式

这里所说的农业观光园空间布局模式,是从宏观角度探讨农业观光园空间组织,依据现有的地形地貌和产业结构特点合理进行空间分布。常见的空间布局模式有串珠状空间布局、树枝状空间布局、放射环状空间布局、"田"字形空间布局和组团式空间布局等。

1. 串珠状空间布局

串珠状的空间布局结构往往有一条景观主轴,农业园的各个功能区域分布在这条景观轴的周围。串珠状的空间布局一般适用于规划用地范围比较狭长的区域,这类空间布局中功能区域的划分明确,结合地形地貌合理进行

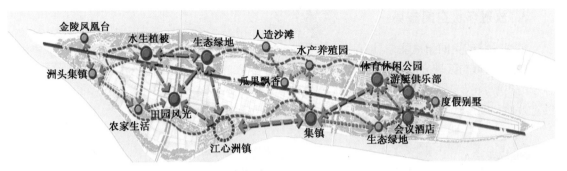

各项游憩活动内容的设置。南京江心洲农业生态旅游度假区规划就是采用串珠状的空间布局模式,各个景观节点均匀地分布在主轴线的两侧(图4-4)。

图4-4　南京江心洲农业生态旅游度假区空间布局规划
(图片来源:南京江心洲农业生态旅游度假区规划文本)

2. 树枝状空间布局

树枝状空间布局是指农业观光园的功能区域呈现树枝状的分布,这类空间布局往往农业观光园区的面积比较大,功能布局较为分散,需要通过园区内的道路、水池、树林等把分散的功能区域串联起来(图4-5)。

靖江江心洲马洲岛农业观光园空间布局就是采用树枝状的布局模式。空间布局结合园区内的景观特色打造"步移景异""曲径通幽"的优美环境(图4-6)。

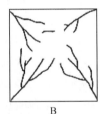

A　　　B　　　C　　　D

图4-5　树枝状空间布局形式

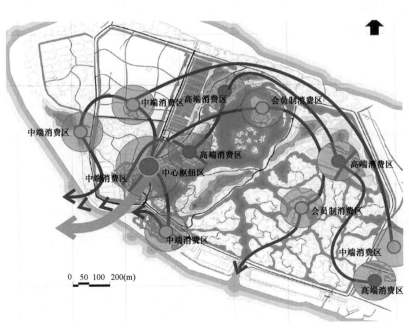

图4-6　靖江江心洲马洲岛农业观光园空间布局
(图片来源:靖江江心洲马洲岛农业观光园规划文本)

3. 放射环状空间布局

放射环状的空间布局往往具有一个景观核心,各个功能区域分布在景观核心的周围,区域与区域之间通过道路相连。放射环状的空间布局休闲活动的内容较为集中,农业生产往往分布在核心区的外围(图4-7)。这样的空间布局能够有效地利用现状土地,形成"一核、几带、几片区"的空间布局模式(图4-8)。

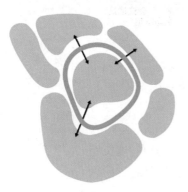 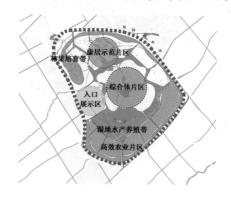

图4-7 放射环状空间布局形式(左)

图4-8 盐城伍佑生态高效农业示范园空间布局(右)

(图片来源:盐城伍佑生态高效农业示范园规划文本)

4. "田"字形空间布局

"田"字形空间布局的农业观光园比较中规中矩,往往是由"田"字形的道路把农业观光园的各个功能分区分隔开,形成"几横几纵"的空间布局模式,这样的空间布局往往适用于农业生产设施比重大的农业观光园。休闲区和农业生产区分隔较为明显,园区中的大部分内容都是农作物的生产,休闲观光只占很小的一部分,并且一般会设有单独的区域与农作物的生产分隔开。这样的空间布局优点是能很好地促进农作物的生产,提高农业观光园的经济效益;缺点是这种布局下的农业观光园的农作物一般是需要隔离的,休闲观光中关于农事体验的内容就比较少了(图4-9)。

5. 组团式空间布局

组团式农业观光园各个功能区域相对比较分散,区域与区域之间有较强的独立性,每一个功能分区都有完善的基础设施(图4-10)。组团式空间布局一般适用于面积很大的农业观光园。优点是每一个功能区域都会有自己各自的主题特色,其功能性比较明显;缺点是由于面积较大,各个组团间的连通性不足。

五、农业观光园空间布局方法

1. 农业观光园空间组织形式

农业观光园整体布局应结合现有的地形地貌、生产结构、生产力水平和经济条件,合理布置相关内容。

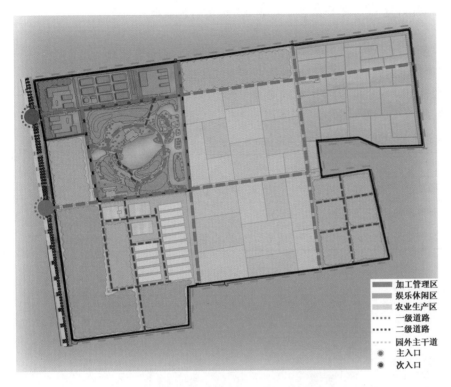

图4-9　苏中大地现代农业科技示范园"田"字形空间布局（图片来源：苏中大地现代农业科技示范园总体规划文本）

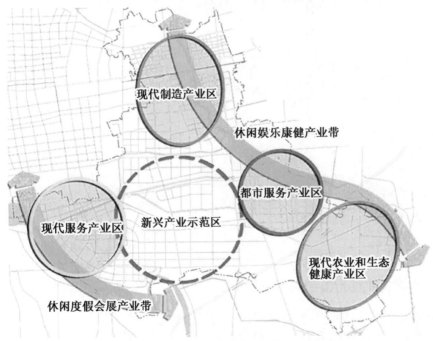

图4-10　组团式空间布局

　　一般的农业观光园都会有核心休闲区，通常设置在地形起伏较大、植被类型丰富和生态环境较好的区域。因为农业观光园主要是以农业生产为主的经营模式，所以核心区的布局尽量与生产区域有一定的隔离，不要影响农业园的生产。如果农业观光园内有狭长的水系空间，或者有一些景观感受较好的带状空间,可以利用好这一区域,形成整个农业观光园的特色景观带,丰富景观层次。

依据农业观光园的生产特点和休闲游憩活动的特点,因地制宜划分各个功能区域,形成富有当地特色的农业观光园。因此农业观光园的整体布局结构通常可以采取"几核、几轴、几片、几园"的空间布局形式。如江苏省盐城市兰花博览园采用的是"一核、两轴、四大片区"的空间布局模式(表4-1、图4-11)。

表4-1 江苏省盐城市兰花博览园空间布局说明

空间布局	"一核、两轴、四大片区"
"一核"	以兰花博览馆、兰花广场、兰花创意中心、兰苑、书画苑组成核心景观
"两轴"	水系花海景观轴、展示景观轴
"四大片区"	十大名花园片区、亲子花园片区、综合服务片区、农业生产片区

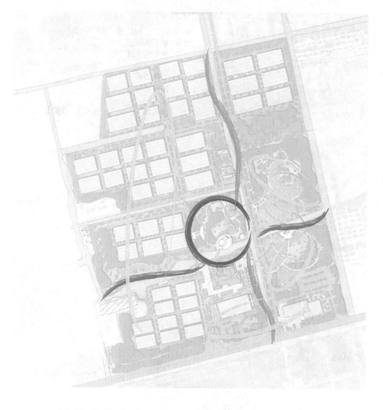

■ 一核
■ 横轴
■ 纵轴
▦ 四片区

图4-11 江苏省盐城市兰花博览园空间布局

2. 满足农业生产的农业观光园空间形象营造

农业生产是休闲农业最基本的需求,农业观光园的空间布局应满足基本生产性需求。以下从休闲农业园的道路划分、生产用地的选择和面积等来阐述农业观光园的空间形象营造。

(1)农业观光园道路线型空间形象营造

园区道路布局在农业生产中占有重要地位。休闲农业园区道路布局首先应分析研究地区的地形地貌,包括现有的竖向、坡度和坡向,满足农业观光园景观安全格局的需求,并与周边环境相协调。

观光农业园区的道路布局规划是非常重要的,合理的道路布局能够提升整个园区的功能结构、满足游客多样的游览路线选择。科学合理的道路路网布局,不仅能够帮助农业观光园更好地满足农业生产的需求,还可以提高园区经营的经济效益。

道路路网的规划形式是由多个因素决定的,如当地的自然地理状况、功能要求和相关景点的布置等,因此,道路的划分布局没有统一的格局,在实践中更不能机械地套用某一种形式。道路路网格局可以分为以下几种形式。

① 方格网式。网格布局的道路是一个比较规则的形式,道路成网格形状分布,一般适用于地形平坦的地区。其优点是设计简单,有利于农业生产布局(图 4-12)。

② 放射环式。放射环式发源于欧洲的广场,是城市组织的规划方法,大城市的应用比较多。放射环式的道路系统是由放射路和环形路组成,其特点是由同心环形成主干道网络,环与环之间通过放射性道路相连接,促进园区内外之间的联系,这种道路布局形式和现有的地形特征有直接联系。其特点有利于农业生产的布局,可组织不重复的旅游路线和交通指导;但是其交通的灵活性不如方格网式(图 4-13)。

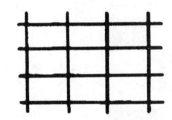

图 4-12　方格网式道路布局形式(左)
图 4-13　放射环式道路布局形式(右)

③ 自由式。与前两个相比,自由式的道路布局没有一定的格式,一般适用于地形相对复杂的区域。道路结合现状地形呈随机分布,连接不规则的功能区。如果布局合理,自由式道路布局形式不仅可以克服地形带来的影响,也可以丰富农业生产的内容(图 4-14)。

④ 混合式。混合式道路网络布局是多种道路布局形式的结合,部分农业观光园的生产区可以根据现有条件,采用混合式布局形式。

该布局采用了上述几种形式的优势,以满足不同作物生长需求和游客对园区资源的最大利用,在生产区域部分可以进行统一规划,然后利用主干道将各生产单元连接起来。混合式道路布局是目前最常见的道路布局形式(图 4-15)。

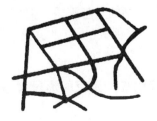

图 4-14　自由式道路布局形式(左)
图 4-15　混合式道路布局形式(右)

以上几种道路布局形式各有自己的优缺点,实践中应灵活选择利用,以达到农业观光园最大效益。

（2）农业观光园生产空间形象营造

农业观光园的生产用地一般占据着园区内大部分面积。生产用地一般选择在地形相对比较平坦的区域,根据农作物生产的种类和数量决定生产用地面积的大小。农业生产用地的选择应是集中与分散的结合。

① 集中式的生产用地布局。集中式的生产用地布局方式主要运用在面积不大的农业观光园,集中式的生产布局有利于生产的管理和相关农事体验活动的开展。在农业观光园规划布局时选择一处地形相对比较平坦、有一定面积的生产用地进行农作物的生产(图 4-16)。

② 分散式的生产用地布局。分散式的生产用地布局方式主要运用在面积相对较大、地形相对比较复杂的农业观光园,分散式的布局结合农业园本身的地形地貌特点,合理地进行农作物生产区域的布置。在进行该类型生产区域的划分时,首先应注意与周边环境和功能或使用需求相结合,增强功能要求的效果,根据实际的情况灵活布置;其次要注意在农业生产区域规划布局时根据实际情况有主有次,注意主从协调,详略得当,避免贪大求全导致的结构混乱;最后需要注意尽可能地体现本地区农业环境风貌(图 4-17)。

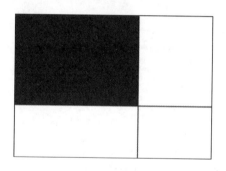

图 4-16 集中式的生产用地布局形式（左）

图 4-17 分散式的生产用地布局形式（右）

在农业观光园农作物生产区域布置时,不管是集中式的布局形式还是分散式的布局形式,都要在规划布局前充分了解基地的现状,结合当地农业生产的特点,合理进行规划布局,创建一个具有地方特色的农业观光园。

（3）空间划分满足农业生产的土壤肥力、气候条件和生产水平

农业观光园的生产需要基本的气候条件、土壤肥力和一定的农业生产水平。良好的土壤条件能够促进农作物的生产,在农业观光园生产区域规划布局时需要选择土壤肥力较高的区域,以适应农作物的生长需求。气候条件是农作物生长的基础,阳光、水的供应能保证作物的生长。有些不能适应当地环境的农作物可以采用温室大棚的种植形式。温室大棚的规划布局应尽量与周边的环境相协调,条件允许的情况下可以设置一处具有当地特色的展示温室,展示一些富有特色的农作物品种。

3. 满足休闲观光的农业观光园空间形象营造

农业观光园不仅具有农业生产的功能,而且还具有改善当地生态环境的

作用。现代农业观光园是集农业生产、休闲观光、度假娱乐为一体,有着社会效益、经济效益和文化效益的现代多功能旅游园区。园区通过利用当地的农业特色资源和景观开展相关旅游活动,以吸引人们前来观光旅游、休闲和娱乐,最大程度地满足人们对物质和精神的需求。

体现农业观光园的休闲和观光功能需要有良好的空间布局。好的空间布局包括合理地组织农事体验活动,合理地进行功能分区、建筑布局、标识小品布置、植物搭配、科普教育和当地民俗风情文化的展现。

(1) 组织游憩活动

在进行农业观光园游憩活动规划布局时,首先需要对相关活动的内容进行系统分析,如依据游憩地的不同、活动类型的差异或者是参与者的构成等合理配置,常见类型如表 4-2 所示。

表 4-2　农业观光园游憩活动分类

分类依据	活动说明
依据游憩活动的场所	主要分室内、外的活动,前者如养花、大棚体验等,后者如室外野餐、钓鱼等
依据参与者的团队模式	分为个人和群体的娱乐活动,前者如绘画、阅读、摄影等,后者如集体舞、露营、钓鱼等
依据游憩活动的性质	主要分体育活动、亲子活动、娱乐活动和文化活动。体育活动包括各种运动项目,如篮球、网球等;亲子活动包括各种亲子活动设施的体验,亲子 DIY 体验等;娱乐活动包括跳舞、打牌、游戏等;文化活动包括在各种艺术展览中心、各类博物馆等
依据游憩活动的状态	分为静态和动态,静态游憩活动体能消耗少,如听音乐等;动态游憩活动体能消耗多,会产生一定的身体负荷,像远足、打球等

通过对农业观光园活动类型的分析,可以发现农业观光园活动场地的主要使用人群是青少年和中年。根据这两类人群的场地使用特点,农业观光园活动场地的空间布局应根据具体的活动内容设置,创造出丰富多彩、参与性强的娱乐休闲空间。

现代农业观光园应具有丰富多样的活动类型来满足不同人群的需求,包括农事体验活动、休闲观光活动、科普教育活动等。在游憩活动和场地形式确定的基础上,应根据游憩活动和相关场地的特点来进行农业观光园的空间布局。农业观光园休闲游憩活动空间布局主要有三种形式:点状、线状和面状。

① 点状模式的空间布局。点状模式的空间布局是以某一主要的活动场地为中心,通过合理的道路划分与周边小型的活动场地相结合,形成组团。点状模式的空间布局适合地形相对平坦的区域(图 4-18)。

② 线状模式的空间布局。线状模式的空间布局主要是沿着线性空间排列,如园区主要道路旁的观赏点、滨水带状空间的游憩活动场所或者是森林边缘的带状空间。通过场地的大小、节奏的变化形成一定的序列性

(图 4-19)。

③ 面状模式的空间布局。面状模式的空间布局是由多个组团构成的复合型模式,农业观光园中各个分区的游憩活动组成相应的组团,并通过园区的道路连接在一起。面状模式的空间布局适用于面积较大、地形相对比较复杂的农业观光园(图 4-20)。

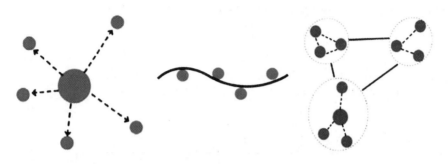

图 4-18　点状模式的空间布局(左)
图 4-19　线状模式的空间布局(中)
图 4-20　面状模式的空间布局(右)

(2) 功能区域划分

良好的农业观光园需要有合理的空间布局,典型的农业观光园分为农业生产区、娱乐休闲区、管理服务区和科技示范区等。合理地进行这些区域的布局可以极大地促进农业观光园的效益,提高农业观光园的生产水平。农业观光园按照生产要求和相关的游憩活动完成功能分区后,就要进行合理的功能布局。功能布局应根据农业观光园本身的地形地貌和游憩活动特点合理设置,一般来说农业观光园功能分区的布局一般有三种类型:圈层式空间布局、聚落式空间布局和穿插式空间布局。

① 圈层式空间布局。农业观光园的主要功能区呈现圈层式的空间布局模式,每个功能区域通过园内道路联系在一起。在此布局中,各功能区相对独立,其中农业生产部分一般会有单独的区域,农事体验活动对农业生产的干扰比较小,可以充分利用当地的自然资源,方便组织交通和游览线路(图 4-21)。

② 聚落式空间布局。聚落式的空间布局根据农业观光园的各项功能展开功能区域分布。区域与区域之间可以通过道路、水系、植被等联系起来。聚落空间布局可以最有效地满足土地资源利用,各区相对集中,方便农业园区管理。但在这种布局上,休闲区布局过于集中,自然使用率相对较低,不易组织游线和景点设置(图 4-22)。

③ 穿插式空间布局。农业观光园的农业生产区和娱乐休闲区,依据各自的特点可以呈现出相互交叉的布局形式。根据农作物的种类和不同的生长条件,将农业生产划分为不同的区域,而农事体验活动则穿插在这些功能区域中。

在这样的布局模式下,农业观光园的空间利用率会比较高。农业生产和游憩活动的设置也更为合理。但是由于农业生产结构分布比较分散,不利于后期的养护管理(图 4-23)。

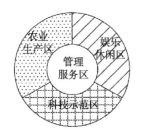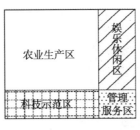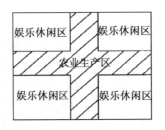

图4-21　圈层式空间布局(左)
图4-22　聚落式空间布局(中)
图4-23　穿插式空间布局(右)

上述三种形式的空间布局,应与农业观光园的场地特征和农业生产水平相适应,在园区的规划建设过程中,农业观光园空间布局应同现有地形地貌相结合而灵活运用。

(3) 建筑布局

农业观光园的建筑布局,是以农业观光园的建设类型和相关功能区域的分布为基础的。农业观光园中建筑类型主要分为生产性建筑、服务性建筑和建筑小品(表4-3)。

表4-3　农业观光园建筑类型

建筑类型	具体内容
生产性建筑	主要有温室、大棚等
服务性建筑	主要有游客服务中心、生态厕所、餐厅、办公楼、科研楼、别墅、茶室等
建筑小品	游憩类小品,如花架、亭子、水榭等
	装饰性小品,如景墙、条石、花钵等
	体现农业文化和民俗文化的小品
	照明类小品,如园灯等

① 生产性建筑布局。农业观光园生产性建筑主要分布在农业生产区,主要有温室、塑料大棚等,是农业观光园独特的景观元素,其空间布局对于整个农业观光园的影响非常大。

在农业观光园的农业生产布局中,要融入先进农业科技,在温室和大棚内可以种植一些新品种的农作物,这样的展示性温室和大棚可以布局在离休闲观光区相对比较近的区域,或者单独进行设计,形成园区的景观兴奋点。

园区内的温室可以采用钢结构形式,不仅简单、美观,而且具有鲜明的时代特征。大棚、温室内外的游客都比较集中,在规划设计时,应组织安排好游客的路线,以美学为原则大胆创新设计。温室、大棚的布局,根据其中生产的农作物来考虑是否需要跟娱乐休闲区有一定的隔离,即前文所述聚落式布局和穿插式布局模式的灵活运用。聚落式的建筑布局方便生产管理,游人休闲活动对农业生产的干扰最小。

一般来说生产性建筑都会集中在一起布局,便于温室和大棚的管理;也可以在靠近休闲观光区部分温室进行休闲活动区域的布局,像温室农作物展示、DIY制作等(图4-24)。

图 4-24　集中式的
生产性建筑布局

　　② 服务性建筑布局。农业观光园除了生产性建筑外,还有服务性建筑,应根据服务性建筑的性质和特点因地制宜进行规划布局。比如游客服务中心一般设置在农业园的入口处;茶室一般会选择在视线风景较好的临水处;办公科研楼会选择在园区的一角,通常会有单独的出入口等。合理的服务性建筑布局能够提高农业观光园的整体形象,增加其经济效益。

　　(3)建筑小品布局。丰富多样的建筑小品能够增加农业观光园的活力,在规划布局时,要合理地进行建筑小品的布置。一般在农业观光园的节点处或是道路的交叉处设置一些建筑小品,提高景观的层次。

　　(4)园区植物布局

　　好的植物布局能够增强游人的观光体验感受。农业观光园的植物布局应考虑点、线、面相结合的配置形式,即休闲点、道路线和生产面。休闲点上要注意植物景观的多样化,道路线上需要突出植物景观的特殊化,生产面上要考虑植物的生产功能。

　　① 休闲点植物布局。休闲点植物景观的布局一般是结合休闲观光的活动内容,根据现有的地形地貌特点和休闲功能要求合理地进行植物配置,强调植物景观的层次化和多样化。变化多样的空间布局,营造出不同的景观感受。在水域或者是核心休闲区应结合活动场地的布局合理进行植物搭配。例如在水岸部分应注重空间的开合变化,形成近亲水、远观水的不同体验感受。水面部分要控制好水生植物的面积,以不超过水面的五分之一为宜,可丛植、片植和散植,营造活色生香、自然野趣的水景空间。

　　② 道路线状植物布局。农业观光园的道路线状布局应强调植物景观的

特色化,每一条游览路线应突出一种有特点的主景植物,例如秋色叶的银杏、枫香,观花类的樱花、桃树,观果类的石榴、枇杷等,另外也可以选择农作物打造极具田园特色的水稻路、油菜路等游览路线,突出农业观光园的整体景观形象,提高农业景观的辨识度。

③ 生产面状植物布局。农业生产功能是农业观光园的主要功能之一,植物景观营造上应重视植物的生产功能。应该选用经济价值高、产量高和观赏性强的植物,同时在布局时也要注意植物的色彩、高度和密度等。根据园区的特点和要求,创建出具有特色的果林、经济林和森林景观。

(5) 空间布局体现科普教育、民俗风情的内容

农业观光园的空间布局应该考虑科普教育的内容,体现出民俗风情,便于人的参与。农业观光园空间中最有活力的因素是人,空间布局的功能之一就是满足人们的需求。科普教育可以通过一些园林建筑小品体现,民俗风情可以通过种植、捕捞、修剪、施肥等活动体现。

4. 满足生态经济的农业观光园空间形象营造

与普通城市公园不同的是,农业观光园在规划和建设过程中并没有过多的资金支持,所以生态经济就显得非常重要了。农业观光园在规划建设过程中,应始终体现生态经济的基本原则,在农业观光园的地形、水体、产业结构等方面与自然要素结合起来,使得农业观光园的发展与合理的自然资源利用相协调。生态经济的空间布局应适应现有的条件因地制宜布置各项内容,内容开发、铺装材料的选择、植物种类的选择等都应遵循生态经济的原则。

5. 满足社会文化的农业观光园空间形象营造

社会文化中的风水作为中华文化的独特文化遗产,其内容包含有科学的一面。学者们对风水也进行了重新定位,出现了一批风水流派,如建筑风水学、景观风水学等。尤其是景观风水学在景观规划、旅游开发等实践项目中得到了越来越多的运用,为项目增添了新的吸引力。风水学在农业观光园空间布局中的水系布局、建筑布局、道路走向和植物搭配等方面有很强的影响力。

(1) 基于社会文化的水系布局

在景观风水学理论中,对农业园区内的水系布局有很高关注度。景观风水学对山水的布局有着较为详细的论述,合理的水系布局不仅能够创造出生气蓬勃的自然景观,还可以划分各个功能区域,形成丰富的景观层次。

中国古代山水画中"绕""掩""静"的水系处理方法就是风水学的一种体现。水的周围要有群山环抱,或者是有石头、树木、建筑物和其他大体量景观环绕,水系要蜿蜒布置。

(2) 基于社会文化的建筑布局

景观风水学对建筑物的选址有着非常详细的理论研究。在农业观光园建筑布局中应根据景观风水学的相关理论,遵循整体性原则、因地制宜原则、

依山傍水原则、坐北朝南原则、适中平衡原则等。

① 整体性原则。整体性原则是指农业观光园在建筑布局时应考虑其整体性,不能盲目地开发建设,需要与周边的环境相协调。整体性原则是风水学的建筑布局总原则,强调处理好人、建筑与自然的关系,达到"天人合一"的生态要求。

② 因地制宜原则。农业观光园的建筑布局应结合现有的地形合理安排各类建筑,建筑布局时要不断地适应自然、回归自然,这是景观风水学的本质。

③ 依山傍水原则。依山傍水是景观风水学中建筑布局基本原则之一。建筑布局一般选择在生态环境较好、景观视线通透的山水间。考古学家们发现,几乎所有的原始部落都在山水环境较好的区域发展。

④ 坐北朝南原则。一般来说,建筑采取的是南北朝向的布局,朝南的房子很容易接受阳光,这对人体有很多好处,如带给人温暖;促进人体维生素 D 合成;太阳的紫外线可以杀死细菌;增强人体的免疫功能。

⑤ 适中平衡原则。适中平衡的原则是尽可能地完善建筑的体量、朝向的均衡性。在建筑的高度、宽度等方面仔细考量,营造最合适的建筑体量和形态。

(3) 基于社会文化的植物布局

在农业观光园的物质生态序列构建中,建筑、山水、地形等都是不可或缺的元素,但是,缺少了植物,农业观光园就不可能从宏观上做整体性的生态功能配置,不能形成符合艺术美的画面感。农业观光园离不开植物,以下基于景观风水学的相关知识概述农业观光园中的树种选择、栽植数量、植物寓意等。

① 树种选择。景观风水学对于农业观光园中树种选择甚有研究,一般是选择当地的乡土树种进行相关的植物配置。应避免释放不良气体、或含有毒汁液的树种;形状怪异、令人不悦的植物种类也不应选用。

② 栽植数量。景观风水学认为植物应合理密植。空间相对较窄时不能多树,否则会产生强烈郁闭感。在空间相对较大的情况下,应合理搭配栽植数量,形成空间的开合变化。

③ 植物寓意。在风水学的相关理论中,植物往往被赋予不同的含义。在现代农业观光园的具体实践中,也应同时考虑植物的吉祥寓意。例如在植物布局上经常会采用两棵柿子树同时栽植,寓意"事事(柿柿)如意"。

第五章
现代农业观光园生产性景观规划设计

生产性是现代农业观光园不同于其他类园子的一个重要特性,这个特性也决定了现代农业观光园景观要素内容的特殊性和多样性。农业生产景观带来的田园风情也是现代农业观光园的魅力所在。

一、现代农业观光园生产性景观的构成

现代农业观光园生产性景观具有丰富的组成要素,其表现出的内容及形式各不相同,如从产业结构的角度来看,可以将其分为农田、林业、牧业、渔业景观等不同方面的要素;从功能的不同可以分为纯农业生产、休闲娱乐、参与体验、绿化美化等景观要素。总之,现代农业观光园生产性景观,是根据农业生产需求和游人休闲需求组合而成的综合体,具体的设计要素类型、数量等应根据功能等各方面要求的不同而有所区别,明确生产性景观的构成要素是合理进行生产性景观营造的基础。从生产的角度来看,生产性景观的规划建设包括植物景观、动物景观及农业生产配套设施等内容;从休闲娱乐的角度来看,需要规划建设景观小品、服务休憩建筑等。总体来说,现代农业观光园的景观要素可以概括为物质要素和非物质要素;生产性景观作为园中最主要的景观类型,同样由物质要素和非物质要素构成其整体景观面貌。

1. 物质要素

现代农业观光园生产性景观的物质要素,主要包括生物要素和物理要素两大类,生物要素又称自然要素,构成以动物和植物为主的动态景观,例如田园绿地(水田、梯田、旱田、稻田、麦地、高粱地、甘蔗园、红薯地等)、经济作物区(粮食、果树、经济林等);物理要素构成静态的景观,例如地形、水体(池塘、大型水系)、园林小品、生产性建筑(农具管理房、禽舍)、生产场地(动物饲养圈、作坊)、道路(主次干道、田间小路)、水利灌溉系统(古井、滴灌、水车、沟渠)等生产及配套设施(温室、大棚)(图5-1)、农具要素(犁、耙、耖、耧车、织布机、石磨、风车)(图5-2)等。

主要的生产性景观要素包括生产用地、生产方式、生产设施、生产作物等。农田、水塘、林地、草地等不同类型的生产用地满足了农、林、牧、副、渔行业生产的需要,形成了生产性景观的基底。生产方式的内容很多,包括原始

耕作、传统农业和现代农业等不同的耕作方式；种植业、养殖业等产业形式；单一农业、多种经营等经营方式；旱作农业、水田农业等表现形式。不同地域由于受自然资源、气候等影响，会产生独具地方特色的生产方式，如珠江三角洲的桑基鱼塘、云南哈尼的梯田等都是不同地域生产方式的体现。

生产设施也是影响生产性景观的一个重要因素，根据生产方式的不同分为传统农业设施和现代农业设施。传统农业设施主要服务于传统农业，包括碾具、水车等。现代生产设施主要包括温室、大棚、农田水利设施等，展现了现代农业技术，不仅可以培育出优良的新、奇、特产品，而且高科技农业景观也满足了游客参观、学习的需求(图5-3)。

生产作物包括种植业、养殖业等的产品。种植业的产品包括五谷、油料、蔬菜、瓜果、林木、花卉等；养殖业产品包括牲畜、家禽、水生动物等，此外还有

图5-1 生产性温室 (左)

图5-2 传统农具展示(右)

图5-3 现代农业技术的栽培方式

农副产品加工、手工业为主的副业。多样的农作物种类为观光农业的开发提供了丰富的农业景观素材,在提供新鲜绿色食品的同时,可供开展瓜果采摘、垂钓打捞等休闲娱乐活动,使游人感受丰收的喜悦。在生态农业观光园的景观规划中,根据农作物的特点合理安排,可以形成季相丰富、形式多样的农业景观。

2. 非物质要素

现代农业观光园生产性景观的非物质要素包括自然条件要素(降雨、雪景、雾凇)、农业生产性劳动(播种、插秧、收割)、乡土工艺活动(刺绣、剪纸、石雕、藤编、陶艺等)、农业文化(祭祀、山歌、节庆)等,反映出城郊及乡村地区与中心城区迥异的生活风貌和文化特色。

现代农业观光园虽然以农业生产为基础,但其侧重点有所不同,园区的生产性景观面貌也各有特色。笔者通过对南京及上海、苏州周边的城郊型农业观光园进行研究,按照开发内容进行分类,从生态观光园、现代农业园、农业公园、花卉植物园、主题农庄几个类型中各选取一个园区进行分析,其中有关于生产性景观的要素组成情况如表5-1所示。

二、农业观光园生产性景观的设计原则

1. 尊重场地自然条件

早期的农业由于生产力水平的限制,会对自然环境产生一定程度的破

表 5-1　现代农业观光园生产性景观要素组成情况

城郊型农业观光园	主要功能分区	生产性景观	
		物质要素	非物质要素
南京汤山翠谷生态观光园	休闲农业区、产业文化区、农业展示区、休闲养生区	水稻、玉米等粮食作物,桃、梨、茶叶等经济作物,温室等农业设施,食用菌工厂,果蔬长廊	播种、插秧等农事劳作,菊花节、草莓节等农业文化活动
南京江宁谷里现代农业园	设施菜园、水禽家园、世凹桃源	温室、大棚等农业设施,农田、池塘,奶牛、鸡、鸭等牲畜家禽,农事工具等小品	南唐文化、农业科技展示、田间劳作、果品采摘
南京东山香樟园	花香农园、香樟公园、亲水游园	樟树林、农家食府、樟林茶吧、花卉基地、果树基地	播种、锄草等农业体验,采摘体验
苏州中国花卉植物园	杜鹃园、樱花园、竹园、牡丹园、家乡树种园等18个专类园区	土地、苗木花卉、温室等农业设施,风车,农具等景观小品	花卉节等文化活动
上海松江番茄农庄	种植区、养殖区、居住区	农田、蔬菜、家禽、温室大棚、喷灌等农业设施	农业耕作劳动、番茄采摘、加工制作、农业技术展示

坏,而古代的"天人合一"的思想使得人们认识到人与自然和谐相处的重要性。城郊型观光农业园依托现代农业技术,在顺应自然生态规律的基础上,获得更多的经济效益。园区的生产性景观建设应尊重场地的自然条件,不宜进行大规模的人工建设,以贴近自然为特色,崇尚自然美学的审美观。

农业观光园的生产性景观要体现因地制宜的原则。首先,在规划之初,应重视原有山水地貌特征的充分利用,发挥自然资源的最大优势,尽量避免大规模的平整土地,合理地进行布局造景,有效地减少基础性投资。其次,为了保证园地本身的特点,生产性景观中应当减少人为干预的比例。另外,在造园材料使用上也要因地制宜,尽量选用乡土材料和乡土植物,就地取材,节约大量成本的同时体现出浓厚的地方特色,也更易于生产性景观和周围自然环境的融合。

2. 体现"人文"特色

农业观光园区在开始规划之初,就要考虑到创造出独特的"地域文化",展示和再现当地农业生态系统、农业生产方式、农业景观,展现地方文化内涵和民俗风情,并将地方戏曲、民歌、饮食、服装、民风民俗和农业休闲旅游等有机结合,传承和发扬地方文化。在农业观光园的生产性景观设计中,也要运用文化元素,以乡土原真性为设计理念,积极展示当地浓郁的、以农业特色为主导的文化,以符合现代特征的手法将其融入休闲时代的新田园生活,并且形成体系,营造出能够反映地域文化特色的生产性景观。

总体而言,农业观光园生产性景观可以呈现出三种文化特点:第一是乡土文化,在生产性景观的规划设计与建造中加入反映当地文化特色的造景元素,将居民的日常生活与日渐消失的传统艺术相融合,在铺装、灯具、景观小品等方面展示当地的传统与现代文化,同时兼顾休闲性与生活性。第二是当地的植物文化,通过对当地植被生理特性和生长需求的调查分析,选取富有当地特色的植被,合理搭配植被的层次及色彩,利用植物造景的方式彰显当地的文化特色与内涵。第三是农耕文化,数千年来的农业耕种一直是人类文明得以延续的根本,农业生产已经成了人与土地的交流方式,可采用各种生动形式在农业观光园中体现这一文化特色。

3. 注重参与性、体验性活动的设置

在农业观光园中,农作物、作物以外的植物、动物等都可作为生产性景观的主体,参与到整个景观的构建过程,成为景观的一部分,因此,生产性景观与其他城市景观相比,参与体验项目活动的设置是其主要特色之一(图5-4)。但目前国内农业旅游的体验活动创新型特色不足,归于平淡。生产性景观如何发挥园区既有的农业、生态、科技、文化资源优势,在保护园区生态环境的基础上进行创新活动的引入,体现地域特色,是观光农业园获得同行业竞争优势的关键。根据农业观光园不同的用地类型,总结出表5-2所示体验活动类型。

小火车游览

艺术田园景观

林间探索

草地露营

图 5-4　农业观光园
中丰富的体验项目

表 5-2　结合用地的活动类型设置

用地类型	活动或园区类型
自然坡地	滑雪、滑草、滚球
大规模农用地	骑马、牧场体验,葡萄园、薰衣草园、蓝莓园、茶园等参观(或采摘),大地田园、艺术田园、植物迷宫、花海(鲜切花养植基地)进入式参观,热气球游览、缆车游览、小火车游览
小规模农用地	瓜果乐园采摘、骑马、艺术田园参观、田园音乐节、自租自种、儿童农场体验、垂钓抓虾、烧烤露营
农用地与建设用地相结合	拓展活动、设计师园(田园景观小品展示/外卖)、农知课堂、园艺实践中心
建设用地	温泉疗养、农家特色住宿、农家特色餐饮,酒店会所、设施园艺、农业博物馆、植物实验室、植物标本馆、民俗观光村、农业艺术展、鲜切花交易市场、温室、Garden Center、生态养老度假村

4. 与周围环境的协调适应

农业观光园生产性景观与周围环境的协调主要表现在三个方面:一是与

区域环境相适宜。区域环境是一个复杂的综合体,生产性景观在规划时除了考虑场地本身特点之外,还应考虑周边的环境条件状况,如环境污染物质及污染区域等,注意在污染严重的区域周围应少种植食用性生产作物,而应考虑生物质能源作物;另外,区域的人群组成、参与程度、不同喜好也是生产性景观设计时所要考虑的因素,应根据不同人群来进行研究规划。二是与所处的地域特征相适合。生产性景观的规划应重视所在区域的农业传统和地域特色,受地域气候中水分、光照等因子的影响,生产性景观所构建的生态系统结构有所不同。观光农业园的生产性景观在农业耕种的内容和形式上,也应融入地域性的特征,吸取长期形成的地方经验,避免千园一面的现象出现。三是与现代农业技术相配合。传统农业的生产模式由于其技术水平的限制,往往带来污水、臭气等问题,这也是乡村环境建设中所面临的一大困境。农业观光园不可能为城市居民提供环境脏乱、蚊虫滋生、脏水臭肥环境,园区生产性景观的建立是以高科技农业技术为保障的,经过精心设计与管理,向游客呈现的是高效丰产、环境优美、为市民休闲生活服务的生态自然景观。

三、已有生产性景观的更新

1. 已有生产性景观的利用价值

首先,在长期的历史积淀过程中,农业景观已与周围居民的生活融为一体,具有丰富的人文内涵和独特的观赏性,使得园区景观环境更具生命力和表现力。其次,已有生产性景观在现代农业观光园中具有较大的经济价值,原有的农田、果林等符合当地农业生产的需要,构成了农业观光园产业的一部分,应继续为园区带来经济效益。最后,已有生产性景观在长期的形成过程中构建了稳定的生态系统,对生态环境的保护起到重要作用。

(1)已有生产性景观的功能转变

现代农业观光园"丰产式"景观通过自我生产和对自然的引导,使人们与周围的环境产生互动,进行必要的劳动和人际交往,提供给人们绿色健康的食物,同时营造休闲的活动空间。因此,园区内的生产性景观不仅仅具有单一的农业生产功能,还兼具休闲娱乐、科普教育、观光体验等方面的功能(图5-5)。

① 农业生产功能。一方面,现代农业观光园的旧有生产性景观的农业生产功能,依然是园区最基本的功能,这是由园区所依托的产业所决定的,生产性景观的农作物种植可以生产合格的作物及苗木,提供给城市生产生活及绿化建设,满足市场需求;此外,与传统的农业生产模式相比,园区通过采用先进的农业生产技术和多元化的生产模式,能获得更大数量、高质量的农产品以及壮阔的生产性景观。另一方面,农业生产能带来一定的附加值。例如婺源景区在每年的三月都有大批的游客前往游览,大片金黄色的油菜花与素雅的徽派建筑互相映衬,成为了婺源靓丽的名片。在这里,闲适又悠然自得

的养蜂人与勤劳的蜜蜂,为游客展现了一幅生动的生产场景,游客在观赏的同时为婺源带来了颇丰的收入,蜜蜂所产的花蜜既可以作为对游客的馈赠,也能够成为优质的旅游纪念品;等到油菜籽丰收,金黄的花海又成为生产食用油的最好的原料基地,这是一种产业循环,美丽与丰收并存,景观也是其中的优质生产力。

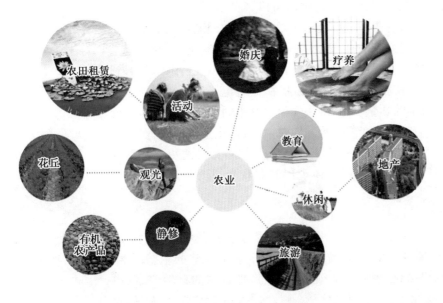

图 5-5　农业衍生出的其他产业功能

　　② 自然生态功能。现代农业观光园生产性景观在营造优美舒适的生态环境的同时,农作物及苗木等植物的生长还可以改善空气质量,涵养水源,优化城郊的自然环境。此外,生产性景观中的功能景观(如太阳能路灯)还能为园区提供清洁能源,从而减少污染,形成良好、稳定的生态环境系统。因此,城市居民愿意逃离城市污染,亲近自然,来到空气清新、环境宜人的田园乡村,感受自然生态和谐之美和高质量的生活环境。

　　③ 观赏体验功能。农业观光园是传统农业过渡到现代农业的产物,充分利用园区的地形优势和现状植被资源,将水稻、小麦、茶树、竹子等生产资料运用到农业观光园中,除了生产功能之外,生产性景观还能提供游客欣赏、参与体验劳动过程。这些农业生产元素本身的根、茎、叶、花、果实等,随四季变化产生不同的景象,连同农事活动本身一起构成了观光农业园中面积最大、最具观赏价值的景观。与园区专门的观赏游览区(如烧烤、游戏区等)不同,生产性景观中的观赏体验空间与作物及其他生产性元素相结合,设置一些体验性的项目活动,如播种、浇灌、收割等劳动体验,瓜果野味品尝等味觉体验,采茶、制茶、泡茶、饮茶的生活体验等。

　　④ 农业科教功能。随着现代化农业技术的普及,现代方式逐渐取代了传统的农业耕作方式,虽然传统方式在生产力上远远不及高科技的农业技术,但是对于未曾接触过农耕劳作的城市居民来说,却充满了新鲜感和吸引力。现代农业观光园逐渐突破常规的生产功能,通过设置一些农产品培育、

农事活动以及新设施、新技术运用的展示项目,提供游人观赏甚至体验的机会,让市民在体验中了解农耕技术和新的科技成果,从而使园区成为为城市居民提供农业科技展示、科普教育的基地(图 5-6)。

例如在一些发达国家,市民在支付了一定的土地费用之后,就可以在观光型农业园学习农业生产技术,品味农耕生活,在农田耕种劳作中了解农耕的知识、了解农作物的生长规律。市民在这里可以亲自动手浇水施肥、采摘果实,还可以将自己所种植的产品进行展示。观光型农业园能提供的不仅如此,某些在近市郊地区的观光型农业园,还能够成为城市中小学生的自然生态实习基地,学生在这里可以通过实践的方式,深入浅出、直观清晰地学习到农耕、农业技术相关知识,使教学充满生动趣味性,同时也保证了知识更加全面直接的传递。例如日本的学童农园,中小学生在其中插秧、割稻,身体力行地进行粮食的生产,体会粮食生产的不易。同时,在机械化生产的大背景下,这些农业观光园使学生们能够接受最传统的农业技艺学习,使之更好地掌握科学知识,并保持传统的延续。这些都体现出农业观光园的示范、科教、宣传、知识传播等作用。

(2)已有生产性景观元素的适宜性分析

在长期的历史积淀中所形成的生产性景观,与周围村落及村民的生活融为一体,形成了独特的原乡文化,传承着祖先的历史记忆和原味的生态环境。与城市中千篇一律的机械化、模式化景观不同,生产性景观的自然要素(山水、地形、农作物等)、人文要素(农业文化、农耕技术等)和工程要素(农具、农舍等)具有很大的价值,体现出当时当地人们与自然和谐共处的状态,共同构成了园区的景观基础。这些元素可以在生产性景观的改造与更新中重新利用,在不破坏传统肌理的基础上,对已有生产性景观的自然要素、人文要素和工程要素进行再创造和再设计,使其更加深入地与当地文化、乡土环境、乡风民俗融合在一起,丰富景观空间和形式,突出城郊的地方特色。

(3)已有生产性景观与整体环境风格的融合

首先,现代农业园的生产性景观应与当地农业发展方向相适应;其次,生产性景观应与园区内部各功能分区之间相互协调,对其近期、远期发展目标做出合理的规划,适当预留足够的发展区域,以便今后在农业生产和休闲游览用地之间进行调整变动。其景观特色和风格应同所在村落的景观格调协调一致,依托周边乡村景观资源,合理"借景",丰富其景观内容,降低景观建设成本。

农业观光园中的生产性景观资源本身就有"乡土"的野味,符合整个园区生态朴素、原汁原味的乡村环境。城郊型农业观光园的景观特色是以其所具有的农业本质决定的,在"城市—乡村—田野"休闲系统的构建中,园区以其原有的生产性景观为基础,根据各种有利条件,在风格定位中,融入"人与自然和谐共生"的理念,在自然地形、景观风貌、民风民俗方面保留原有特色,加入创意体验,着重强调园区的乡野风格、朴素风格、自然风格和简洁风格。

2. 已有生产性景观的更新内容

大多数的现代农业观光园具有部分农业产业基础和景观基底,园区中原有的稻田、菜地、果林都是以生产为目的,不能完全满足观赏游憩的需要(图5-7)。

图5-6　高科技农业
展示宣传

图5-7　农田生产景观

而现代农业观光园的生产性景观规划设计要为生产服务,生产性景观占重要部分,在保留园区现有产业基础的前提下,考虑对原有土地和农业景观进行改建、改造和利用,改变以往农田、果林等单一生产功能的设计模式,增加其观赏性,融入休闲活动空间,形成具有复合功能的生产性景观,使得生态、休闲、科教等功能,与生产功能有机融合在一起。

3. 已有生产性景观的更新方法

现代农业观光园生产性景观的更新既要保留原有的农作物景观肌理,又要满足城市居民的各种需求,其主要更新方法可以概括为以下四种:保留、替换、填充、重构(表5-3)。

(1) 保留

保留,即保持现有景观中具有一定景观价值且保存尚好部分的基本形态。以生产性景观为主体的农业观光园寻求的并不是生产性元素的硬性植入,而是因地制宜,在挖掘地域特征的基础上对已经存在并且具有价值的景观元素(地形、农作物植被、农耕工具、构筑物等)及自然要素进行必要的保留和维护,做到"修旧如旧,以存其真",结合对场地整体的设计分析和把握,展示原真的自然乡土气息。农业观光园的农事活动、农耕技艺、农田景观实体等的存在和发展是一个动态变化的过程,对于生产性景观的保留式设计不能完全封闭、否定外界的交流,要基于保护的角度,使景观延续"真""古""土"的特质。

表5-3　农业观光园生产性景观改造手法

改造手法	图示	内容	实践案例
保留		乡土元素的保留和修复	安徽颍州"农之源"生态农业生产基地的油菜花田景观
替换		生产性作物与观赏性植物景观的置换	德国鲁尔区的埃森梅希滕贝格农业景观
填充		多样化空间的增加	江苏无锡阳山"田园东方"田园综合体的创意农业景观
重构		生产景观格局的重新建构	浙江安吉生态农业园的农业种植景观

（2）替换

单一作物形成的生产性景观大多单调乏味，缺乏生气。一方面，在改造设计中，对农业生产不产生较大影响的前提下，可以将部分农作物进行移栽，用观赏价值较高的植物置换部分生产性作物，形成色彩丰富的流动型景观。在重点地段，可栽种一些观赏价值高的花灌木或不同季节观赏的花境，通过科学分类组合形成多元的景观和复合的生态环境，从而借助复合美感展现出生产性景观的独特魅力。另一方面，生产功能是生产性景观最初的基本功能，可以在观赏性景观中融入生产性景观元素，让"园林结合生产"的实践得以重现，增加园区景观的自然性和多样性。

（3）填充

利用"填充"手法对农业观光园生产性景观进行改造利用，主要有两方面的内容。一是充分利用城郊中未开发建设的土地，根据生产或休闲需要，将闲置的土地用作农业生产或设置休闲娱乐空间，改善耕地的减少和土地的荒置。二是在尊重现有肌理和确保原有农田、果林、茶园、花圃等产业稳定发展的前提下，从原有大片的农业用地中，选取观景效果好的部分空间，填充休闲空间和设施，让市民在游览田园风光的过程中很好地放松身心。除了水平地面空间的造景之外，生产性景观还可以在垂直空间上得以体现。

（4）重构

农场在原有基础之上发展成农业观光园，为了方便生产和管理，农田或果林都采用行列式种植，这种呆板的种植方式使景观失去了自然的活力，同时也不能满足游人的休闲需求。所以，在不影响农业生产片区大局的前提下适当做一些调整，可以打破以大田作物生产为主的传统农业耕作格局，不拘泥于形式，根据场地条件和游客需求重新布局，调整种植结构，广泛应用果树、蔬菜和花卉中观赏性较高的植物，丰富景观层次，使其更具审美价值。

4. 已有生产性景观的更新策略

（1）需求导向，外延拓展——农业生产相关的项目策划

农业产业是农业观光园发展的基础支撑，其不仅具有生产功能，还存在着其他利用价值。在规划中考虑特色产业的融入，与基础生产产业同步互补发展，以需求为导向，设置教育、娱乐、特色创意等方面的项目活动，为园区带来更高的经济效益（图5-8）。在进行具体的景观设计之前，要进行项目策划，考虑特色打造，以农作物大田及草花类苗圃等农业生产产业基地为基底，将多种活动项目置入，着重开展各项产业相关的活动，满足不同人群需求，为生产性景观注入活力。根据活动性质的不同，主要将项目分为以下两大类。

① 田园生产类活动。与传统农业不同，城郊型农业观光园中生产性景观是传统与创新并举的景观形式，运用本土资源环境优势，进行景观化、花园化的农业种植，在田园中设置多种多样的与生产相关的项目活动：农田耕作体验、温室作物生产体验、蔬菜种植及收获、田地租赁等。此类活动主要依附于农业生产，让游人放松身心，参与到田园生产当中，体验农民的辛勤耕耘。

② 田园休闲类活动。此类活动是在农业生产的基础上，以田园风光为背景，设置纵情于生产性景观的趣味体验活动，主要包括：农田观光、花田婚礼、瓜果采摘、野外拓展、大地艺术苗圃观光或科普教育等，使游人享受田园生活的悠闲自在。

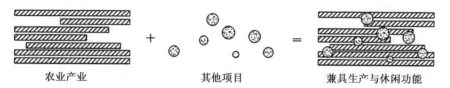

农业产业　　　　　＋　　　　　其他项目　　　　　＝　　　兼具生产与休闲功能

图 5-8　农业产业与其他项目的结合

（2）布局合理，空间整合——生产性景观的游线及空间序列组织

从农业观光园的组成来看，生产性景观的规划布局是整个园区景观规划布局的重要组成部分，因此，如何利用周边便捷的城市交通，实现基地内外空间的有效衔接，创造多样化的交通组织方式，是城郊型农业观光园设计研究的重要切入点。目前，绝大多数园区在规划前的交通路网设置欠缺，内部主要以农村的乡道为主，缺乏良好的可达性。在规划设计之初，应对生产性景观进行空间整合，重新布局，满足可达性要求。总体来说，为兼具生产和休闲功能，园区的生产性景观中主要包含生产空间和休闲空间两大部分，它们的布局形式主要分为围合式、穿插式、聚集式三类（图 5-9）。

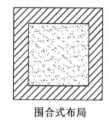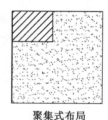

围合式布局　　　　　穿插式布局　　　　　聚集式布局

休闲性空间
生产性空间

图 5-9　生产空间和休闲空间布局形式

① 围合式布局。生产性景观中的生产空间和休闲空间呈围合式布局，形成嵌套的区域格局，生产空间处于核心的内园区域，休闲空间分布在外围，两大类空间主要通过道路、水体等要素连接。此种布局形式的特点是，能够从四周的不同角度来观赏处于中心位置的生产性景观，考虑到游人的游览特点，应在外围的休闲空间中合理安排休憩设施，满足游客休闲需要。

② 穿插式布局。此种布局模式是以大面积的作物种植为背景，一些休闲娱乐空间呈点状分布在其中，中间以道路相连，形成一些看似孤立却又互相关联的多个节点空间。一个景观节点的形成需要具备两个条件：一是本身具有可体验可观赏的景观；二是其所处的位置有利于游人观赏。为了防止景点的重复和单调，各景观单元要有不同的主题，并根据其特点进行不同的设置，控制好节奏，做到疏密得当，避免随意性和无序性。

③ 聚集式布局。各休闲点聚合形成整体的块状空间，让自然生态的农业种植形成一个片区，复合功能的空间聚集成另一片区，易于游人的集中体验。此种布局适合运用在较大面积的生产性景观中，既体现了生产性景观的壮阔之美，又有利于园区的可持续发展。

　　除了对生产性景观中的不同空间进行合理布局之外,生产空间中农作物的景观排列也应该按照序列进行,空间组合应当科学严谨。多种颜色的农作物种植就是生产性景观布局的常用手法,将多种颜色、多种类别的农作物随着地形的起伏与地貌的变化进行合理种植,使得农业园在空间布局上错落有致,使游客获得观赏的美感体验。园区内部的作物种植,可以按照成熟期不同而分布,成熟期较早的作物可以安排在园区入口,而较晚的可以放在园区内部。还应在重要节点处做特殊的景观设计处理,使景观变化有序,增加设计感与美感。

　　(3) 有机提取,变形应用——文化元素的运用

　　城郊型农业观光园的文化内涵包括地域历史文化、农业文化、风俗文化、建筑文化以及产业特色文化等方面,不同的观光农园因其不同的地域特征而具有独特的文化魅力。城郊型农业观光园生产性景观的文化特色可以用四种手法来表达:一是以原真性手法,将农具等小品以真实尺度展现在景观中,提供游客或体验或观赏的机会;或是考虑到场地特征、体验的趣味性等因素,将景观小品的尺度放大或缩小,以夸张的手法展示在游客面前。二是以利用性手法,运用园区的文化特征和基地资源,在不破坏生态自然的前提下,在形式上表现出地域文化,如稻田文化、梯田文化、麦田文化等。三是以创造性手法,从无到有,变换利用,组合创新,设计出反映当地文化的特色小品、植物组合等。四是以借用性手法,参照和模仿一些自然界动植物、特色吉祥物等造型来进行设计。

　　(4) 融入创意,突出主题——生产性景观的特色创新设计

　　如今,各类观光农业园的项目遍地开花,各自都寻求在生产中融入创意景观、融入与众不同的体验活动等,以求抓住市场,使得项目活力长存。然而,与众不同的生产性景观首先需要确定一个主题方向,这关系到园区整体的定位。观光农园的不同项目,如采摘、餐饮、娱乐等,都需要一个具有吸引力的主题,并且围绕这个主题展开。如融入卡通主题的生产性景观、体验项目以及产品需要与进行一体化的主题构建,形成基于主题的特色,以营造整体的主题氛围,彰显不一样的景观氛围。以北京观光南瓜园为例,园区建设了大量以南瓜为造景元素的景观:南瓜雕塑广场、南瓜万圣广场,以及包括280多个品种的南瓜展示长廊、充满各种形状观赏南瓜的梦幻科技馆等,来到南瓜园,游客仿佛进入了南瓜的童话世界(图5-10)。

　　台湾的休闲农庄大多都拥有明确的主题以及突出的个性,特色的鲜明能够最大程度地吸引不同兴趣的游客。这些主题包括花草茶叶的鉴赏、昆虫的饲养、果蔬的采摘,以及奶牛、螃蟹、鳄鱼等动物的接触或观赏体验等。其不断的创新以及主题的更新使得游客的新鲜感不会消退,因此吸引了大量的回头客以及慕名而来的新游客。例如位于桃园观音乡知名的"青林农场"一年四季栽种着大量向日葵供游客免费参观,成为当地小有名气的景观;还有"波的农场",以专门种植大量的猪笼草、瓶子草、捕蝇草等食虫性植物闻名。还有许多的农场能够从名字看出其特色,例如"薰之园"顾名思义其农场以种植

南瓜造型水池

南瓜造型建筑

香草为主,以养奶牛为主的"飞牛农场",以及种植了大量树木与花草的"花开了农场",都属于名称反映特色的典范。

(5)满足功能,合理搭配——植物的选择与配置

城郊型农业观光园生产性景观与常规景观的主要不同,在于植物景观的差异。在城郊型农业观光园的生产性景观中,植物景观占主要部分,而其植物群落中大部分是具有生产功能的农作物,其他为一般的观赏性植物;而常规的城市景观通常选择观赏性高的植物作为造景要素。可以说,城郊型农业观光园生产性景观是一种特殊的景观类型,依托基地原有的农业资源基础,借助于常规景观的表达手法,因地制宜地进行改造利用,创造出更加符合现代审美的生产性景观(图5-11)。

图5-10 北京观光南瓜园南瓜元素的创新运用
(图片来源:https://gs.ctrip.com/html5/you/travels/1/1714344.html)

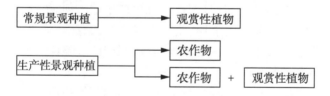

图5-11 常规景观与生产性景观种植对比

生产性植物是生产性景观形成的基础,其植物配置并不是仅仅对园区原有作物资源的优化设计或重新处理,而是将生产性植物和观赏性植物两者相结合进行整体设计。城郊型农业观光园中生产性景观的植物选择与搭配,应该满足生产、生态、生活、景观四个方面的要求,根据不同生产功能区块的需求,选择合适的植物种类,科学地进行布局造景。由于不同类型的生产性景观的定位和特性存在较大差异,所以对农作物及绿化植物的选择和利用也有所不同。例如在由园区提供耕地、市民参与劳作的市民农园中,为了让市民在农园中体会生产的辛劳与快乐,其植物材料大多以常见的可食用作物为主,例如蔬菜与果树等,并辅以适量的景观树种;但是在需要布置休闲空间的生产性景观中,需要带给游客足够的视觉美感与享受,因此生产性植物应当相对较少,同时引进部分常规的绿化树种,形成丰富的林相与层次。

① 合理选用乡土植物。乡土植物的合理使用与配置,是形成具有强烈地方特色景观的重要方式之一,有时还能够成为一个地区的标志性符号。乡

土植物由于其自身对当地气候、水质等自然条件有较强的适应力,并且容易从当地直接获得,因此具有较低的施工成本以及养护成本,同时还具有较高的观赏性。因此,在农业观光园中,选用当地的具有农业观赏价值且适宜游客亲近的植物来进行造景,确保与当地的自然生态环境相融合,形成一种乡土气息浓厚的生产性景观。例如浙江安吉毛竹现代生态园中,90％以上的植物选用了毛竹进行造景,而毛竹是当地的重要经济作物,体现了园区的乡土特色。

②　将植物的生产功能和观赏功能相结合。农业观光园中的植物景观布置与其他形式的园林有所不同,在营造大面积的生产性景观时,首先应当考虑园内景观要素的生产功能以及实用性,然后才是造景功能。例如一些有观赏性的经济果林,既有经济价值,同时也能满足观赏需要,产生出浓厚的"春华秋实"的景观效果与游赏体验。从某种意义上来看,植物并没有生产性和观赏性特征上的严格界定,有些生产性植物具有较高的观赏性,同样有些观赏性植物也具有一部分的生产功能,只是暂时被人们忽略而已。例如在某些种植银杏的区域中,由于局部采摘费用昂贵或者对城市环境具有一定的影响,常常有意降低其生产性,全部种植单一的雄株或者雌株银杏,避免其结果。实际上,合理总结出生产性和观赏性兼具的植物,对于农业观光园作物植物的选取具有重要指导作用(表5-4)。

③　营造多样性的植物景观。现代园林中的植物造景材料主要有乔木、灌木、草本植物、藤本植物等,而在城郊型农业观光园生产性景观中,由于农作物种类繁多,具有较大的形态差异,果树、谷物类、蔬菜、经济作物、香料植物、药用植物等都能形成形态各异、色彩多样的本土植物群落。在作物、观赏植物种类的选择上,注意搭配不同表现特性的作物,如展现植物的花、果、叶、枝等不同的观赏特性(表5-5)。多数生产性果树或者花卉都是春夏开花,秋

表5-4　果林果树种类选择

名称	花色	果色	果实形状	开花时间	成熟时间	常绿或落叶	乔木或灌木
桃树	红色	红色	近球形	3～4月	5～7月	落叶	乔木
李树	白色	鲜红色	卵圆形	4月	6～7月	落叶	乔木
杏树	粉红色	黄色	球形	3月	6～7月	落叶	乔木
樱桃	粉白色	红色	近球形	3月	4月	落叶	乔木
枣树	白色	暗红色	椭圆形	5月	9～10月	落叶	乔木
无花果		黄绿色	倒圆锥形		6～9月	落叶	灌木、小乔木
梨树	白色	淡黄色	近球形	3～4月	8～9月	落叶	小乔木
柑橘	白色	橙色	扁圆形	4～5月	12～3月	常绿	小乔木
石榴	红色	橙红色	球形	5月	9～10月	落叶	灌木、小乔木
枇杷	白色	橙黄色	长圆形	9～11月	5～6月	常绿	小乔木

表 5-5　主要农作物的观赏特性及其生长周期

作物种类	观赏特性	生长周期
油菜花	观花(黄色)	1　2　3　4　5　6　7　8　9　10　11　12　(月)
水芹	观叶(绿色)	
小麦	观叶、观穗(绿色、黄色)	
玉米	观叶、观穗(绿色、黄色)	
向日葵	观花(黄色、褐色)	
水稻	观叶、观穗(绿色、黄色)	▮ 种植期
高粱	观果(红棕色)	▮ 观赏期

冬季节有叶色、果实的变化,要巧妙利用植物的季相不同,进行合理搭配和互补,形成多样的、变化的植物景观。另外,农作物的连作、轮作、间作等不同的种植形式,以及不同农业类别的组合,有利于园区营造富有变化和审美特色的植物景观(图 5-12)。

④ 赋予植物景观文化传承的内涵。不同的地域有着不同的地域文化特性,北方粗犷豪放,有高粱、玉米文化;南方婉约细腻,有稻米文化。植物作为城郊型农业观光园生产性景观的主要造景要素,也是地域文化的传承者,在农业的生产模式与经营模式上,它们与传统的民俗活动和节日相结合,成为了对文化传承最好的体现。例如将水稻种植与养鱼相结合的"稻田共生系统",是浙江"中国田鱼村"传承了 1 200 多年的养殖生产方式,它所形成的独特景观与特殊的稻田文化,深受游客的欢迎。与此相似的还有浙江临安,当地的雷竹种植采用提前覆盖出笋的技术,成为了临安独特的农业生产方式,这种生产方式巧妙地与农家乐等形式相结合,经过合理的规划,成为农业观光园设计的一部分,形成了当地独特的种植景观。

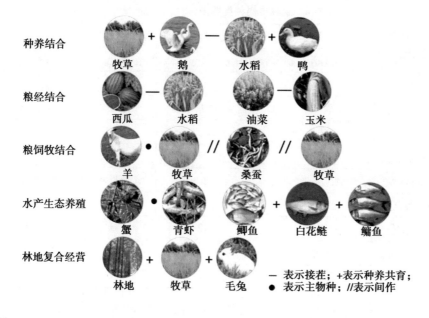

图 5-12　农业类别组合形式

四、新建生产性景观的营建

1. 新建生产性景观的营建目标

1898 年霍华德出版的《明日：一条通向真正改革的和平道路》（1902 年第二版书名改为《明日的田园城市》）一书中提出了"田园城市"的构想：将乡村的美丽环境与城市生活的优点结合起来，构建起一个"城市—乡村"磁铁——"人们自发地从拥挤的城市投入大地母亲的仁慈怀抱，这个生命、快乐、财富和力量的源泉"。现代农业观光园的营建就是实现霍华德"田园城市"的基础——让城市居民走入乡村，感受美丽与令人愉快的乡村环境。

现代农业观光园旨在打造宜产、宜游、宜居的现代田园，对其生产性景观进行重新规划和建设，有利于对现有的城郊资源进行整合，融入创新体验，建设城郊新景观。对于生产性景观进行营建，主要要实现以下几点目标。

（1）自然与生态

自然资源为生产性景观的营造提供了无穷的潜力，城市居民在厌倦了游历名山大川的旅途劳累之后，回归原生态的、诗意栖居的桃花源景观，这成为了现代农业观光园的景观特色和闪光点。设计者们对现代农业观光园生产性景观进行营建时，旨在营造出以作物及观赏性植物为基本元素的自然与人工相结合的景观；但是这种景观并不是毫无创造力的元素堆砌，也不是进行武断的生硬设计，而是利用自然提供的潜力，充分展现基地本身存在的环境资源优势，强调了人类生产生活和自然之间的关系，将重点放在自然与人工、自然与生态的结合上，创造出充满生产生活气息、生机勃勃的自然化人工景象。

（2）可持续发展

现代农业观光园生产性景观的营建应立足长远，应当遵循可持续发展战略：既要满足当代人的空间需求，又要考虑提供给后人绿色清新的生态场所，经济发展与保护生态环境、保护资源协调一致，使子孙后代也能享有良好的自然环境。生产性景观是以农业生产为本质的可持续景观，无论是在生产还是产出方面，都应符合低碳景观建设标准。对于乡村来说，生产性景观的营造是一种保护乡村土地、保护乡村风貌的策略，在现代农业观光园中实现生产性景观营建，有利于有效保障园区的农业用地面积，保持乡村环境的完整性；缺乏生产性景观，城郊型农业观光园无论在环境还是在文化表现上都是不完整的。

生产性景观的农业要素是观光农园的重要物资产出源泉，成为整个园区产业循环化的重要组成部分，为观光农业园提供了一个自给自足的供求系统（图 5-13）。同时，生产性景观的营建和管理还为城郊人口提供一定的就业机会，达到了城郊经济与环境的可持续发展。

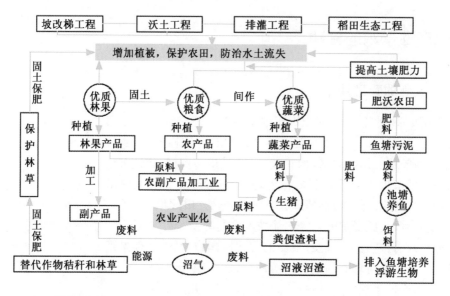

图 5-13 农业园果、粮、菜、猪、沼、渔水陆循环模式

（3）协调发展

现代农业观光园具有第一产业、第三产业的综合发展性质,绿色农业、园林造景、生态旅游三者有机结合,共同构成了整个园区充满独特个性的景观。其中生产性景观的构建以生产为目的、以科技为先导、以市场为导向,有利于农地的充分利用,农民的产业增收,市民的生活更加休闲有趣,最终达到城乡互促,形成城乡良性互动的发展格局。

（4）主题明确

农业观光园的营建涵盖了观光、体验以及教育为一体的综合功能。在营建的过程中,设计者应该要尽可能创造出多样的经营空间,为不同游客群体提供全方位的服务。在提供了各种休闲娱乐的同时,还需要体现出一定的教育意义;此外,还要充分体现自身特色,打造观光园的标签和名片。

2. 新建生产性景观的营建内容

现代农业观光园中新建生产性景观大都没有任何农业基础,大部分是未开发或者已闲置的荒地,对其进行营建,就是根据园区的产业发展需求,增加新的农业生产项目,使得园区具有长期的吸引力和最大的经济价值,同时为城市居民提供更多亲近田园自然和认知农业的机会,构建新的多元化空间,避免"大同化"的生产性景观。总的来说,生产性景观营建主要包括以下两个方面:产业更新、景观空间营建。产业更新主要指两方面:一是在园区建设之前,根据政府政策以及对区域市场现状和需求进行分析,确定农业观光园经营的产业类型,如农业、林业、畜牧业、渔业等。二是促进农业与二、三产业的融合,首先将农业种植与养殖相结合,以农业生产为中心,与农产品加工、销售连接起来;其次将农业与文化、旅游业融合,促进产业范围扩展、经济效益增加。景观空间营建则需要打破传统的农业布局形式,融入地方特色和农业文化,创造多功能的生产性景观。

3. 新建生产性景观的营建方法

景观生态学将景观结构分为斑块(Patch)、廊道(Corridor)、基质(Matrix)三种基本模式,适用于多种类型的景观,包括现代农业观光园的生产性景观。生产性景观以具有生产功能的农作物作为植物主体,是一种特殊景观类型。从生态学意义上来看,农业观光园的生产性景观的构建主要分为三大部分,分别为形状和功能存在差异且相互作用的斑块、廊道与基质。从生产性景观的审美方面来看,"斑块—廊道—基质"对应景观平面构成中的"点—线—面"三种表达方式(表5-6)。由于现代农业观光园生产性景观与其他城市景观相比范围较小,因此由斑块(点)、廊道(线)、基质(面)所构成的景观形式中,基质要素所占的比例最大,其生产功能、生态效益较另两个要素更为显著。下面本文就从这三个方面来阐述农业观光园中生产性景观的具体表现。

表5-6　城郊型农业观光园生产性景观表现形式

景观结构	表现形式	示意图	特点	具体表现
斑块	点		形状、大小、类型等差异较大	入口景观、节点标志景观等
廊道	线		呈线性、带状分布	车行道路、游憩道、采摘线路、农田边缘、防护林带、登山梯道、溪流等
基质	面		点、线组成的综合体	农田、果林、苗圃、竹林、树林、湖泊、村落等

(1)"点"的表现

在景观生态学中,斑块(Patch)是各自差异性较大的最小景观区域。与斑块要素相对应的景观表达是"点",农业观光园中生产性景观中"点"的表达类型较为丰富,并且相互之间差异较大。在生产性景观中,通常会设置一些较为醒目的、能够吸引游客的视觉焦点,一般是在景区入口或是重要空间,常常会设计占地面积不大,但却具有鲜明色彩、造型有设计感、异常体量等特征的标志景观,搭配种植高低错落的植物,从而成为最先被游客注意到的空间,一般可以在此设置休闲设施和景观建筑。

以上海都市菜园为例,在整个园区的内部和外部环境设计中,将农作物作为景观元素,打造不同的景观节点来吸引游客。园区的奇瓜异果园中种植了大量在形态或体量上独具特色的西瓜、黄瓜、白菜、茄子、胡萝卜等,这些奇瓜异果本身具有农业生产功能,它们焕发出全新的生命力,构成了生机勃勃的自然空间;同时由于其在体量或形态上非同寻常,以这些自然的元素为基础营造景观,形成了一道独特的风景,给游客带来了新奇的视觉享受(图5-14)。

图5-14 以蔬果为主题的节点景观

(2)"线"的表现

在城郊型农业观光园生产性景观中,与廊道要素相对应的景观表达是"线",指的是与相邻两侧环境有显著区别的呈线性或带状分布的景观结构。在我们日常生活中的道路、溪流两旁大多种植观赏性植物,很少出现农耕作物,而现代农业观光园与一般的城市景观不同,它主要为游客提供在城市中体验不到的自然田园风光,廊道是向城市居民展现生产性景观的主要利用点。农业观光园内的车行道路、游憩步道、采摘线路、农田边缘、田间小路、防护林带、登山梯道、溪流等都是"线"的具体表达形式,以农作物及观赏植物的组团及高低错落的配置为主要表现方法,一般分为规则式和自然式两种类型,其功能是提供园区更多的软化景观,打破人工硬质景观带来的生硬的感觉,将农业生产、绿化美化、生态效益三者相结合,打造更为自然淳朴、乡野气息浓厚的生产性景观。

在现代农业观光园中,道路和农田边缘通常是游客最直接的景观观赏点,其景观环境的营造对整个园区的质量有着重要作用。如果在农田边缘种植较密集的植物,就会使游人产生闭塞感;而种植过于稀少的植物,游人会对农田一览无余,缺乏新鲜感。因此,在"线"性生产性景观的营造中,要注意植物疏密度的把握,避免过多干扰游人视线。构成农园道路景观的主要元素包括农作物及其相关的景观小品,在植物配置方面通常选择形态优美、观赏性高的农作物充当行道树,根据植物自身的开花结果等特性形成不同的景观(图5-15)。南方地区的作物选择范围较为广泛,通常选择植物形态好,叶、干、花、果观赏价值高的作物，如枇杷、香蕉等；而在北方寒冷地区，虽然桃、梨、苹果等作物的景观综合表现一般，但由于其果实观赏性较高，所以通常作为行道树的主要品种。一种表现线性生产性景观的常用手法是：以瓜果蔬菜等农产品为原型的景观小品形成序列景观。

图 5-15　种植廊架形成的线性景观

（3）"面"的表现

基质（Matrix）是景观形态表现中分布最广、连续性最大的相对同质的组成结构，从一定意义上来看，基质对景观结构的组成和变化起着支撑作用。与基质要素相对应的景观表达是"面"，"面"是一个较为完整的区域，有自己完整独立的道路和景观体系。"面"可以是多个"点"聚集而成的，也可以是由多条"线"加宽组合而成的，所以是"点"与"线"相结合所形成的综合体。"面"的最主要特点就是具有主题性，"面"既可以是一个园区内的功能分区，也可以是一个系统完善的园区。

在现代农业观光园中，各个独具主题并且功能、形式各不相同的"面"共同组成了整个园区，其中，生产性景观的基质类型大部分为农业用地，包括农田、果林、苗圃、竹林、树林、湖泊、村落等（图 5-16）。与其他类型的园区相比，现代农业观光园生产性景观的"面"的表达形式和内容较为特殊，其设计手法更加注重自然本真，在植物配置上打破常规，尽量营造出生态自然的景观效果。"面"的主体植物种类选择较为统一，一般为梨树、桃树等果树类或者稻子、小麦等，主要体现其简洁的表现效果。在植物配置上利用作物及植物的花、叶、果、干的外观差异和季相变化，采取不同的耕种形式，营造出不同色彩、纹理搭配的秀丽景观。

图5-16 农业观光园"面"的景观表现

第六章
现代农业观光园游憩性景观规划设计

一、农业观光园游憩性景观的构成

　　农业观光园的游憩景观不同于一般公园,它是建立在农业生产基础上,具体游憩活动项目的设置主要结合园区的特色景观和产业项目展开。除了结合观光园自然环境设置的休闲游憩景观外,还包含了结合各类生产设施、配套设施设置的各类可供游憩的景观。农园游憩活动内容十分丰富,包括农业观光、休闲娱乐、农事劳作、农业知识学习、农家旅游、度假和购物等多种类型。

1. 仅供休闲类游憩景观

　　仅供休闲类游憩景观主要是围绕人在园区内的活动展开的,它是观光园生活气息的体现,这类景观往往有单独设置的区域供其使用。游人在游览观光园的过程中,会有观赏田园风光、学习农业知识、体验农业生产劳动、休闲娱乐等活动,这些活动或动或静,形成各自不同的景观要求。此类游憩景观依托农业活动可以开发多种娱乐活动,如垂钓、跑马、滑草、水上运动等。除此以外,地区传统农业发展过程中形成的庆典活动也是十分具有吸引力的娱乐项目。

　　此类型景观常常设置在游客的主要活动区域,其选址一般在景观资源丰富、能够体现地域特色且易于景观营造的区域。在布局时要与生产区进行分离,避免游客活动对正常生产的干扰,在游览区内部景观节点设置和路线设计时,要充分考虑到游客的活动心理,合理开展景观序列,满足游客的观光需求。

2. 配套服务类游憩景观

　　配套服务类游憩景观,是为园区的正常运行提供相应的服务管理所配备的景观类型(图 6-1)。规模比较大的园区会设有专门的管理区,有的园子则结合主入口或者结合餐饮设置。此类型景观是为游客提供管理服务的区域景观,涉及餐饮、购物、住宿等活动,其在布局上位置要明显、交通要便利。在我国农业观光园发展初期,将"吃农家菜"作为观光园的主要功能之一,为游客提供具有特色的农家菜、特色小吃,将农业观光园的生态环境与生态餐饮相结合,满足游客体验绿色生活的要求。

图 6-1 依水而建的餐饮住宿设施

3. 生产附属类游憩景观

生产性是生态农业观光园不同于其他类园子的一个重要特征,农业生产景观带来的田园风情也是农业观光园的魅力所在。现代农业观光园中的游憩活动除了一般休闲观光外,项目的设置主要结合园区的生态农业生产和生态农产品的开发。园区内不仅有传统的生态农业生产,还引入高新技术推动现代生态农业产业化发展,由此形成了独特的游憩景观类型——生产附属类游憩景观。

生产附属类游憩景观主要是依附于生产性景观的休憩设施景观类型。其分布往往较为分散,为观赏生产性景观提供了一定的空间,也有助于引导游客驻足观赏。此类型景观适合布置在地形平坦、开阔的地带,同时要交通便捷,便于游客到达,适合游客开展农业体验和休闲活动。根据农业产业的不同类型,采取的生产方式各不相同,生产附属类游憩将农业生产活动向游人开放参与,常见的有耕作体验、捕捞体验、收获体验等。

4. 其他游憩景观

农业观光园本身就是一个自然风光优美的场地,园内的各种自然山水景色、景观基础设施等都可发展成观光游憩景观。

(1) 景观基础设施

景观基础设施是指在自然环境景观的基底上进行改造形成的半人工景观,或由建设形成的人工景观;其类型、强度反映了人类对自然环境景观的干扰方式干扰强度,包括建筑物、各种景观设施、道路等。

（2）自然景观地貌

自然景观地貌是园区原有的,属于可直接利用的旅游资源。自然环境是由地形地貌、气候、水文、土壤和动植物等要素有机组合而形成的自然综合体,是形成农业观光园景观的基底和背景。这些自然环境要素本身受地带分布的影响,呈现出明显的地域性,对农业观光园景观的形成发挥着各自不同的作用。

地形地貌是大地的地表形态,或平坦、或起伏,形成了园区的景观骨架。气候决定了太阳辐射、地面温度、降水等,不同气候会形成不同的区域景观,影响着土地的类型、生物的分布、生产内容、人们的生活习惯等。水文条件包括河流、湖泊等天然水体和农田灌溉渠网、运河、水库等人工水体,它影响着农业的类型、耕作方式、水陆交通等。土壤的类型、性状决定了生物的类型、长势、布局等。植物是景观组成的一个重要的因素,包括原始植被、农田林网、绿地等。

二、农业观光园游憩性景观的设计原则

1. 可持续发展原则

可持续发展原则是指导社会经济发展的具有战略性的普遍原则,休闲农业旅游景观规划也应充分遵循贯彻这一原则。在进行旅游项目策划、景观规划的过程中,要选择那些既能满足游客需求又能产生一定经济效益,同时又为远期规划留有一定空间的项目去实施,避免为了获取短期经济效益而牺牲长远发展的短视行为。运用生态学理论,充分结合现状,合理运用各种景观要素,对环境进行保护、恢复与整治,尽量减少对自然环境的破坏。通过农业生态学、产业生态学视角促进园区生态农业生产,通过景观生态学视角研究农业景观的结构、功能和变化,促进整个园区的可持续发展。

2. 以产业为核心规划布局

生态农业观光园脱离不了农业基础,景观规划的关键是在把握好整个园区布局的前提下,以农业为核心进行规划布局。根据不同园区的类型并结合其功能,合理布局各个景观分区等。

3. 突出产业特色

无论是偏重生产产业还是偏重旅游观光产业的园区,景观规划都不同于一般意义上的公园景观规划,规划时要突出产业特色,同时体现农业内涵,充分表现农业特征,有侧重地合理分区,满足生产和观光的不同需求。

4. 合理整合景观资源

景观资源种类很多,要结合当地的经济状况、基地的现状以及园区的类

型和主题,从全局的角度综合考虑,研究各类要素的关系,筛选合适的资源结合生产、旅游观光开发,满足生产、示范、观光、游憩、体验、教育等多样功能。同时注重当地的历史人文、农耕文化、民俗风情等文化氛围的营造,凸显观光园的文化品质,追求环境、社会和经济效益的同步发展。

5. 主题特色化原则

不管是景观规划还是旅游规划,具有鲜明的特色才能吸引大量的游人。因此,只有特色化原则指导下,形成自身主题的休闲农业景观游憩才更加有新意,才有广阔的市场和持续吸引力。在产业选择、旅游规划与景观设计的时候都应该充分考虑地方的资源与特色,形成自身独有的特色景观。

6. 景观化原则

旅游视角下的休闲农业景观规划不仅涉及总体层面的旅游规划,在场地规划时,更应该从景观营建的角度遵循美学原则对其内部进行设计,从空间布局、意境营造、功能分区、植物搭配等多个方面对场地进行整体把握。

三、农业观光园游憩性景观设计要点

1. 仅供休闲类游憩景观设计

仅供休闲类游憩景观设计要紧紧围绕园区的产业特色、景观特色展开各类游憩活动,包括休闲、健身、娱乐、康体活动等,强调参与、体验的游憩功能。仅供休闲类游憩景观设计规划要点如下。

(1)丰富空间类型,创造多样景观感受

丰富休闲游憩空间的类型,营造一系列停留与互动空间体验序列,使其可以满足不同使用者的不同使用需求,给游客在有限的空间内带来丰富的空间感受。

(2)注重游客参与性,设置趣味活动

参与体验型的项目是生态农业观光园里最有特色也是最有吸引力的活动,激发了游客的参与性和愉悦感。一般有民俗文化体验活动、民间手工艺制作活动等。

①民俗文化体验活动。各种民俗节日、民俗活动可设计出灵活多样的节目表演形式,让游客观演、参与其中,陶醉于民俗文化的魅力之中。如江苏溧阳吴楚农耕文化园搭建古戏台,举行民俗文化演出;台湾的香格里拉休闲农场,不定期推出放天灯、打陀螺、搓汤圆等民俗活动,吸引游客参与。

②民间手工艺制作活动。主要是结合各种民间艺术和各种工艺品进行制作,如陶艺制作、剪纸制作、泥人制作、蜡染制作、刺绣等。如江苏溧阳吴楚农耕文化园的紫砂文化展示区和吴楚紫砂作坊,游客可以亲自体验制作紫砂工艺品;台湾飞牛牧场的牧场体验环节就有彩绘飞牛等DIY项目。

（3）通过多种手法，丰富农业景观

生产性景观的规划不仅仅是合理安排生产用地和生产品种，还要开发生产景观的休闲娱乐、文化教育等多种价值。

我国有着悠久的农业耕作历史，因此产生了各式各样的传统农业工具和设施，如犁、锄、耙、锹、镰刀和碾、水车等，满足了不同生产的需要。如今传统的农业设施在观光园景观规划中，更多的是作为景观展示或使游人结合农事劳动进行体验，增强景观的观赏性和游客的参与性（图6-2）。比如，在江南地区，传统的水车是一种重要的用于水田灌溉的设施，有手摇水车、脚踏水车等多种类型，现在这些水车更多的是作为丰富景观内容的一个设施景点，游人可以亲自踩水车，感受传统的耕作方式，提高游乐的趣味性（图6-3）。

台东原生应用植物园位于台湾药草故乡台东，种植有2 000多种药草，其中99％是台东原生种。不同于一般的传统植物园，原生应用植物园充分运用丰富的植物资源，凭借无污染有机栽培及生物技术发展出完整的药用植物培育技术，并提升台东农业的附加价值，推广一系列高科技养生保健食品，在满足游客观光和科普教育的同时，重点开发旅游产品和休闲健康食品。其中植物生活伴手馆以植物素材为主，从原生植物的植栽、茶饮、香包、精油和沐浴、保养及家饰用品，提供多样的台东养生保健特产。

图6-2　传统的水车作为景观展示(左)
图6-3　水车作为游客的娱乐设施(右)

2. 配套服务类游憩景观设计

配套服务类设施主要是为了满足游客的就餐、住宿以及园区的管理需求。其景观设计原则首先是以人为本，便于为园区的正常运行提供相应的服务管理，此外要体现一定的地方特色。配套服务类游憩景观设计规划要点如下。

（1）挖掘当地特色，体现地方风情

农业观光园的景观规划紧紧围绕农业景观展开，无论是参与农事劳作、欣赏田园风光、参观农业生产，还是品尝丰收的果实、学习农业知识，这些都带给人们与众不同的景观感受，也是观光园的特色所在。配套服务类游憩景观的设计不能脱离农业观光园的大环境，在满足功能理性的前提之下，尽可能体现当地特色。

（2）统筹安排，合理分布

配套服务类设施分布全园，主要包括园务管理区和餐饮接待区。有些分布相对集中，有些则分散在全园。要综合考虑使用条件、场地现状等多方面的因素，寻找布局最优方案。

3. 生产附属类游憩景观设计

农业生产是观光农业发展的基础，生产附属类游憩景观设计的原则首先是要满足产业生产的各项要求，保证生产的顺利进行；其次是合理挖掘生产景观资源的多种价值，满足多样的观光游憩需求。生产附属类游憩景观设计规划要点如下。

（1）提高活动参与性，增加趣味性

生态农业观光园游客参与性活动最常见的形式就是农业体验，包括各种类型的农业生产体验，比如耕作、种植、浇灌、喂养、采摘、垂钓、捕捞等。此外还有农民生活体验，比如烧饭、制作食品、纺织等。这些参与性项目体现了农业观光园的农业生产特色（图6-4）。如广东深圳青青观光农场中不仅有各种瓜果可品尝、采摘，园内还设置了"城市农夫"自留地，给游客提供体验农村生活、亲手耕种的机会。一块 2 m² 的土地，租金 580 元/3 个月，在租用期间，凭地契一家三口（2个大人1个小孩）可随时免费入园耕种，等到瓜菜成熟时节，可将自己的劳动成果摘回家细细品尝。

图6-4 游客在进行草莓采摘活动

还有无锡唯琼生态农庄，其中的农业体验区包括传统农业体验区、原始农业体验区、生态农业体验区、采摘林果园区等。在这里，游客可亲手采摘水果、蔬菜，感受农民丰收的喜悦；也可以在技术人员的指导下修剪果树，感受农民劳动的辛苦;可喂养孔雀、山鸡、梅花鹿等动物,享受与动物共享自然的乐趣。

(2) 基于游客体验,创造多样感受

园区的景观规划应该做到可进入、可停留、可欣赏、可回味,游客的旅游活动应该包括可参与、可互动、可感受、可享受。在设置生产附属类游憩景观时,我们要多从环境体验者本身出发,通过空间的开合变化等手段使游人获得全方位立体感受。

(3) 结合产业特色,拓展相应的文化内容

各个地域的农产品各有不同,结合农业产品形成的文化也是各具特色,如丝绸文化、茶文化、酒文化;由于物产和风俗习惯的不同还形成南北各异的饮食文化等。这些文化可以进行深度上和广度上的拓展,形成系列性的观光文化活动。比如茶文化可以通过茶场、茶馆、茶博物馆等不同场地,通过采茶、制茶、泡茶、饮茶等活动进行展示。这些文化资源通过提炼与景点、生产方式、活动项目等充分融合,拓展产业文化的内容。

南京江心洲作为全国首批农业旅游示范点,以葡萄为特色,农业园中主要包含田园、农趣和民俗三大方面的内容。结合产业特色,该洲从 1999 年开始每年举办葡萄节,荣获"中国最具地方特色的节庆活动"殊荣。2010 年葡萄节以"葡萄熟了——体验生态"为主题,历时一个月(7 月 30 日—8 月 31日),通过葡萄节的举办充分发挥节庆活动作为经济发展、旅游宣传的平台作用,开展旅游、文化、趣味体育、民俗展示等活动。

4. 其他游憩景观设计

(1) 景观基础设施

景观基础设施是为观光园服务的一些硬质设施,包括建筑物,各类景观构筑物、道路,也包括农田基本建设、农业和水利设施等生产性景观。

① 规划原则。农业观光园景观基础设施应该和整个园区的风格协调,功能性和艺术性相结合,合理布置,尽量减少对自然环境的破坏。

② 规划要点。

a. 统一规划,合理布局:景观基础设施有着各自的类型和功能,遍布全园。如建筑的类型有旅游服务类建筑、景观建筑小品、生产设施类的建筑等,提供各自不同的功能。如果没有统一的规划,相互之间缺乏协调,就会在同一个园子内产生多样的设计类型,影响观光园整体的景观形象。另外,建筑的种类和数量也并不是越多越好,尤其是在追求自然生态环境的生态农业观光园内,建筑的分布和数量更是要结合全园的环境容量统一规划布局;建筑的选址要结合地形地势,尽量与周边环境相融合。园区的道路布局也是要结合全园的空间布局、分区等因素综合考虑,不仅要考虑良好的通达性和优美的视觉效果,同时也要结合生产的特殊需求,为各种动植物提供良好的生境走廊。

台湾台一生态教育休闲农场位于山清水秀的南投县,以生态教育休闲为

服务宗旨和理念,利用各种设施和田园景观为游客提供一个体验、学习的场所。农场内规划的公共设施,不管是造型还是颜色,均考虑到与整体环境的调和效果。

　　b. 结合园区风格,体现一定特色:各类人工设施和景观设施在提供相应功能的同时,若在设计上体现一定的特色,可以为整个园区的景观锦上添花。如江阴农业科技园建造的农耕文化长廊,展示千百年来的农耕文化故事和乡土风情,建筑风格具有典型的地域特色(图6-5)。台湾台一生态教育休闲农场各类设施的景观设计,在园区风格统一协调下,配合生态资源做最适当的建构,所使用的材质均以木材、竹材及其他农村所习惯使用的自然材料为主,具有独特的景观效果。重庆黔江武陵仙山农业生态园的建筑风格便是以当地土家族、苗族独特的吊脚楼、风雨廊为原形,力求与周边环境协调一致,极具民族特色。

图6-5　极具江南特色风格的景观设施

　　下文以景观小品为例,阐述其作为现代农业观光园重要的一个组成部分,和周围环境的衔接融合中应注意的主要方面。

　　与自然环境协调。休闲生态农业园自然景观是指农业园原本地域的自然风貌,对山水、草地、树林等自然资源遵循生态平衡的原则开发利用,因此景观小品结合自然环境,在材料、色彩、造型方面体现自然生态主题。环境色彩是环境当中所有事物共同色彩产生的游人视觉感受,主要包括山石、水域、植被、天气以及建筑群落色彩。休闲生态农业园中景观小品的设计要与整体环境相协调,从视觉角度,景观小品的色彩要融合于自然色彩中。因此要对景观小品的色彩进行系统的、整体的规划控制,从视觉上达到与周围环境色彩相和谐(表6-1)。

表 6-1　环境色彩分析

色彩要素	色彩特征	色彩效果
山石	以暗色调为主,主要呈现灰、黑、赭石、黄褐色等	是自然环境众多色彩的基调色
水域	本身无色透明、水面会映衬出山石、植被和天空的色彩,因而颜色丰富	水体通过倒影调和了众多色彩,水的灵动融和着周围色彩
植被	随着四季变化色彩	是环境的基本色彩和自然环境的主导色,且随四季变化
天气	由于天气的变化,天空会呈现出蓝色、白色、淡黄色、赤黄色	是自然环境的背景色彩,随着时间段变化天空色彩不同,背景颜色效果相应地不同

自然的色彩基调:首先,在休闲生态农业园中景观小品的色彩需要系统整体地规划控制,才能达到和谐统一的色彩效果。其次,色彩来源于材料,归类自然色彩的种类,选择具备相应表现力的材料。最后,根据景观小品的功能和美观要求,确定几类主要用途的基础材料,成为园区中应用最为普遍、色彩面积最大的材料。

点缀鲜艳色彩:确定了主要色彩基调后,可以点缀一些鲜艳的色彩,它们可以活跃场地景观效果,烘托休闲娱乐气氛,丰富人们的感官感受(图 6-6)。

与生产环境协调。休闲生态农业园中为满足农业生产需要而产生的生产性景观,主要包括田间农业为重点的田园农业、以林业为重点的观光采摘农业、以温室大棚为重点的栽培农业、以鱼塘养殖为重点的水域农业、以畜牧业为重点的草原观光,和以各种农业先进科技为重点的农业科技教育基地等景观模式。在这些以农业生产为主题的景区中,景观小品应结合景区主题,设计时需要满足游客参与农业劳动、采摘果实、栽培蔬菜、观赏树林、鱼塘垂钓、畜牧业观光和科普教学的活动需求。景观小品在生产景观区内,保持与环境协调的设计原则,需要做到以下几点:结合农业生产类型,注重实用性,为游客观光游览提供便利;结合农业景观环境,巧妙布局景观小品,增添农业生产的娱乐性,寓教于乐(图 6-7)。

图 6-6　色彩跳跃的景观小品

图 6-7　生产大棚中的景观小品

与文化景观协调。休闲生态农业园文化景观内容主要包括了农家乐旅游和民俗风情旅游；主要活动为休闲娱乐农家乐、居住型农家乐、民俗文化旅游和民俗节庆旅游。游客可以在这里感受具有农家风味的生活方式、参与农家生活、参观地域历史遗址、感受文化风俗习惯。景观小品需要融入景区文化主题，凸显本地域的文化风俗氛围，增添景区娱乐参与性。

（2）景观地貌

景观地貌类型的规划，包括对基地地形、水体和植被景观的规划。

① 规划原则。景观地貌是存在于场地内原始的景观基础，它赋予了场地最初的面貌。对于自然景观类型的规划一个重要原则就是遵循自然规律，尽量减少对自然景观的破坏，保护和维持场地原有的生态环境。

② 规划要点。

a. 尊重自然景观，充分发挥其造景功能：地形、水体、植被作为构成景观的重要因素，本身就具有多样的造景功能，在规划时，要充分认识各种要素的景观功能，发挥其各自的特点。地形包括平地、坡地、山体等类型，具有独特的美学特征，并产生不同的景观特征（表6-2）。地形是构成景观的骨架；通过地形控制视线可以构成不同的空间类型；地形作为景物的背景，不仅能衬托主景，还能增加景深、丰富景观的层次。

表6-2 地形类型及其特征

地形类型		地形特征
平地		1. 坡度<3%，较平坦的地形，如草坪、广场 2. 具有统一协调景观的作用 3. 有利于植物景观的营造和园林建筑的布局 4. 便于开展各种室外活动
坡地	缓坡	1. 坡度3%～12%的倾斜地形，如微地形、平地与山体的连接、临水的缓坡驳岸 2. 能够营造变化的竖向景观 3. 可以开展一些室外活动
	陡坡	1. 坡度>12%的倾斜地 2. 便于欣赏低处的风景，可以设置观景台 3. 园路应设计成梯道，一般不能作为活动场地
山体		1. 分为可登临的山体和不可登临的山体 2. 可以构成风景，也可以观看周围风景 3. 能够创造空间、组织空间序列
假山		1. 可以划分和组织园林空间 2. 成为景观焦点 3. 山石小品可以点缀园林空间，陪衬建筑、植物等 4. 作为驳岸、挡土墙、花台等

来源：丁绍刚.风景园林概论［M］.北京：中国建筑工业出版社，2008.

水体能形成不同的景观形态,如湖泊、溪流、跌水、瀑布等。不同形态的水体具有不同的造景作用,大面积的水面可以作为景观的基底,统一联系分散的景点;跌水、瀑布之类的比较容易成为景观的焦点。

有的场地内会有一些原有的植被存在,这些植被在一定程度上发挥着重要的生态作用,同时也体现了地域特色。

b. 因地制宜进行改造,创造宜人的环境:在进行规划前,要深入现场进行详细的自然资源调查,以便在以后深入的规划中合理地取舍现状资源,因地制宜地进行改造,创造优美的景观。如台湾飞牛牧场,位于苗栗县通霄镇南和里的保安林地旁(一个俗称九层窝、种满相思树的山坡地)。园内大片的缓坡草地就是利用原有的山坡地形整建而成,造就了飞牛牧场优美的景观环境(图 6-8)。

图 6-8 台湾飞牛牧场的草坡

(图片来源:https://www.flyingcow.com.tw/album/)

深圳青青世界选址在深圳市南山区月亮湾大南山,沿等高线呈长带状分布。基地内山坡陡峭、森林茂密、溪涧纵横,现场地形状态丰富,阳光、松林、石景、溪流构成了独特的自然景观。经过合理的规划,精心利用自然资源创造了园区背山面海、景观多样、绿意盎然的优美环境。

第七章
农业观光园实践案例

本章案例选择近些年的真实设计实践成果,按照农业观光园中的产业主导项目,围绕农业产业和休闲产业两种类型进行分类,分别阐述各类型观光园的设计内容。

一、以农业产业为主导的农业观光园

1. 南京市溧水区蓝莓生产示范园

该项目以当地蓝莓、黑莓种植企业向种植农户提供良种与高效栽培技术为支撑,适当结合特色休闲活动,旨在打造一个集良种繁育、生产示范、培训交流、田园观光于一体的现代蓝莓生产示范园。

(1)项目概况

① 项目基本情况。白马镇蓝莓种植面积达 1.5 万亩,挂果面积近 8 000 亩,年总产量可达 3 000 多 t,全国领先。然而,白马镇蓝莓产业具有布局散、农户为主的缺点,缺少标准高、示范性好的基地。

中植生态农林科技集团股份有限公司坐落在白马镇"江苏白马现代农业高新技术产业园区",是一个集蓝莓、黑莓高效栽培、技术培训、产品深加工、销售于一体的农业科技型种植企业。中植集团与白马镇政府合作,努力打造江苏地区高品质的蓝莓、黑莓高效种植示范园。蓝莓生产示范园项目基地位于南京市溧水区白马国家农业园区内,位于 341 省道南侧,白马镇曹家桥村西侧,占地约 625 亩。

② 区位分析。溧水区素有"天然氧吧""南京后花园""城市绿肺"之称;白马镇是南京"三城九镇"建设的区域之一,建设农业高新技术产业园,打造国内一流农业"硅谷",地理位置优越。蓝莓生产示范园位于白马镇西南部,北部为 341 省道,南部为白明线所围合,距离白马镇约 8 km,距离溧水区中心约 18 km,交通便利。基地北部分布着乡村聚落,人流丰富;周边为农用地,有水系贯穿。规划基地交通便捷、周边农业基础好、产业支撑力强、自然资源丰富,乡村旅游市场前景广阔(图 7-1)。

③ 自然环境条件分析。白马镇位于由北亚热带向中亚热带的过渡区,无明显地域差别,四季分明、气候温和湿润、雨量充沛、光照充足、无霜期长、水热同季。溧水区主要分属石臼湖水系和秦淮河水系,仅东南角有 2.73 km²

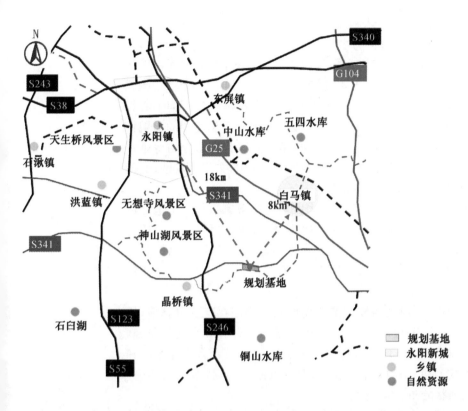

图 7-1 区位分析图

图例：
- 规划基地
- 永阳新城
- 乡镇
- 自然资源

山区地属太湖水系的湖西地区。两大水系的分水岭东西向横贯区境中部。溧水地区的地层和地质构造，属扬子古陆下扬子台褶带构造单元。区内除较陡的山坡、山地、河(沟)边坡外，在低山丘陵及其坡麓地带和河(沟)谷，都覆盖着岩层的风化残积物和坡积物发育成的酸性黄壤土，土层厚薄不一。

溧水区属宁镇扬丘陵山区，地势东南高西北低。区境内浮山、东庐山、回峰山、芳山、秋湖山、无想山拱据东、南，连绵环列，西横山突兀西端，逶迤绵延。总地形为丘、岗、冲犬牙交错，缓丘漫岗绵延，并呈明显的阶梯分布。规划基地周边自然资源丰富，原始植被完好，山水环绕，气候宜人，四季分明。

④ 上位规划分析。根据《白马镇土地利用总体规划(2006—2020年)》《省政府关于调整南京市溧水区及所辖永阳街道等镇土地利用总体规划的批复》，需确保耕地保有量和永久基本农田面积不减少、质量有提高、生态有改善。基地在近期规划中用地性质不改变，仍为基本农田和一般农用地。

按照国家和省主体功能区规划确定的全市总体优化开发、江北地区重点开发、溧水高淳限制开发的战略要求，将市域国土空间划分为优化开发区域、重点开发区域、限制开发区域和禁止开发区域。把增强优质农产品和生态产品供给作为首要任务，坚持"刚性保护、点状开发"，深入推进生态功能最大化、产业发展绿色化，着力创新发展区域绿色低碳产业体系和生态城镇体系。规划基地为限制开发区域，不能进行大规模开发，只能实施点状集聚开发。

溧水区乡村旅游规划以"三带"与"五片"贯穿整体。"三带"分为健康山林风光带、古韵水脉风光带、生态休闲风光带。健康山林风光带旨在打造天然生态氧吧,突显山林风光特色;古韵水脉风光带旨在彰显悠悠水韵文化,塑造滨河文化画廊;生态休闲风光带旨在强化生态郊野风貌,打造体现自然休闲功能的生态区域。"五片"分布为山水花园城市片、白马山水田园片、诗画水乡风情片、创意文化展示片、美丽乡村康养片。山水花园城市片为中心城区特色规划;白马山水田园片旨在展示乡村田园和山地丘陵相交融的风貌特色;诗画水乡风情片打造集湿地保护、生态旅游和农渔体验相结合的诗画水乡风景片;创意文化展示片形成融合江南水乡风貌特色的文化风貌区;美丽乡村康养片塑造舒适宜人的美丽乡村风貌。

⑤ 场地现状分析。场地位于南京市溧水区白马镇曹家桥村。基地北部为 341 省道,南部为白明线。场地北部有大树下、杨家边、牛角里、武家桥等村庄,南部紧邻磨盘山。设计场地依水分割为四块,总面积约为 625 亩,第一块为 240 亩(包含右下角小地块),第二块为 50 亩,第三块为 140 亩,第四块为 195 亩(图 7-2)。

原有场地有大量稻田,现已经被开垦。场地及其周围存有少量林地,植物品种单一。场地内水网密布,存有 4 块水塘。场地内存有 2 个建筑设施,周边遍布农村建筑住宅(图 7-3)。场地内水资源较丰富,有众多大小水塘和河流。河流整体水位较低。田间坑塘散布,灌溉渠系完整,排水河道通畅。整个水系呈点、线、面状分布(图 7-4)。

场地内植被资源较为匮乏,除大面积的农田外,仅存有少量的植物种植区域,植物种类单一;场地内存有较多高压线塔,电线密布;零星散布着水利设施构筑物(图 7-5)。

图 7-2　用地红线图

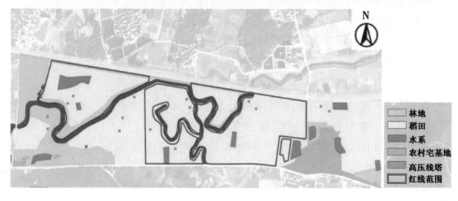

	林地
	稻田
	水系
	农村宅基地
	高压线塔
	红线范围

图 7-3　用地性质分析图

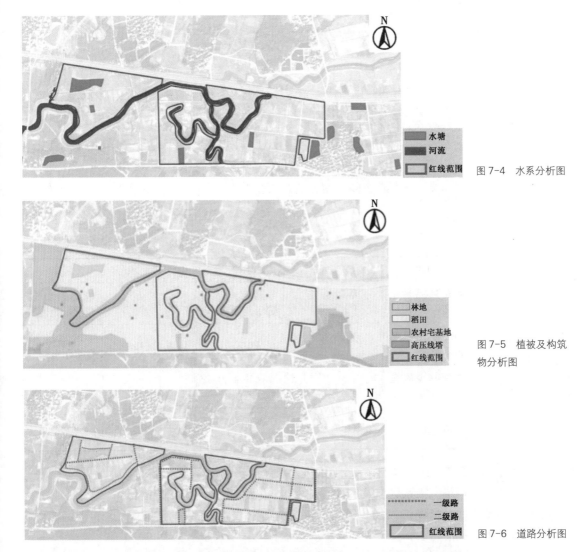

图 7-4　水系分析图

图 7-5　植被及构筑物分析图

图 7-6　道路分析图

　　场地内一级路红线 8 m 宽,尚在建设当中;二级路红线 4 m 宽。道路流线混杂,每块场地之间交通被阻断,没有合理连接(图 7-6)。

　　蓝莓栽培模式分为露地栽培、避雨栽培、促成栽培、基质栽培。南方各产区露地生产南高丛品种,果实的成熟期基本上是 4 月底到 6 月中旬之间,有些小气候条件比较好的地方甚至可以提早到 3 月中下旬;避雨栽培属于果树设施栽培,是一种在树冠顶部设置薄膜等设施以达到避雨的方法,园区避雨栽培采用简易避雨方式,沿蓝莓种植行向搭建镀锌管避雨棚,面积 2 000 m²,棚顶高 3.5 m,肩高 2.5 m,跨度 6 m,棚膜材料为 0.05 mm 厚无色无滴聚乙烯膜;温室大棚促成栽培技术,能提高蓝莓种植的地域适应性,增加产量,实现反季节生产;基质栽培技术可以选取适宜蓝莓生长的最佳基质配方、控制基质 pH,在增加透气排水性的同时具较好的保水保肥能力,可以为蓝莓的生长提供最佳的根际环境,极大促进蓝莓生长和挂果速度,增加经济效益(图 7-7)。

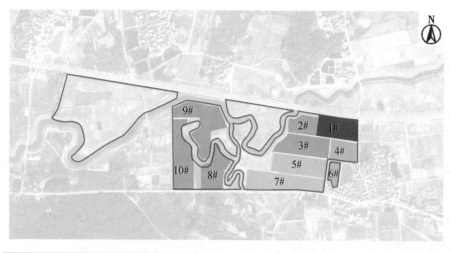

图 7-7 蓝莓种植生产布置图

编号	面积/亩	用途	编号	面积/亩	用途	编号	面积/亩	用途
1#	22.00	黑莓新品种示范园	5#	50.41	早熟南高丛蓝莓示范园	9#	28.00	中晚熟兔眼蓝莓示范园
2#	31.59	中晚熟兔眼蓝莓示范园	6#	9.50	育苗中心	10#	43.00	中晚熟兔眼蓝莓示范园
3#	34.54	中晚熟兔眼蓝莓示范园	7#	52.49	早熟南高丛蓝莓示范园			
4#	22.00	育苗基地	8#	27.53	中晚熟兔眼蓝莓示范园	合计	321.06	

⑥ 总结。机遇——区位条件好,交通便捷,基地周边自然资源丰富,原始植被完好,山水环绕。溧水区蓝莓产业基础好,规模大;政府大力支持蓝莓产业发展,带动当地乡村经济发展。田园乡村旅游前景广阔,新型的产业＋旅游模式,集聚发展潜力。

挑战——蓝莓产业分布零散,种植设施简陋。整个场地地势平坦,不利于造景。水体可利用性弱。基地内部土地类型单一。场地可利用景观元素较少、服务设施较少。

(2) 规划定位

① 产业研究。

a. 蓝莓发展现状及趋势:结合中国蓝莓产业相关报告,到 2018 年底,全国蓝莓栽培面积 55 344 亩,产量 18.423 8 万 t(包括日光温室和冷棚)。贵州省、山东省、辽宁省和吉林省为中国蓝莓最早产业化生产的四个省份,合计产量占据全国的 73.38%。全国蓝莓栽培面积和蓝莓产量排名前三位的省份是贵州、山东、辽宁,而江苏省栽培面积和蓝莓产量均在全国排名第八。早熟、鲜果品质好、商品率高和种植效益高等几大优势使日光温室栽培在全国得到快速发展。目前我国蓝莓设施栽培发展较快的省(市)为山东省、辽宁省、吉林省、天津市、江苏省。江苏省蓝莓设施栽培中日光温室栽培面积排名全国第四,日光温室栽

培模式下蓝莓产量排名全国第三;因其处亚热带区域,所以冷棚栽培面积较少,
可忽略不计。栽植品种多以兔眼蓝莓和南高丛蓝莓为主(图7-8)。

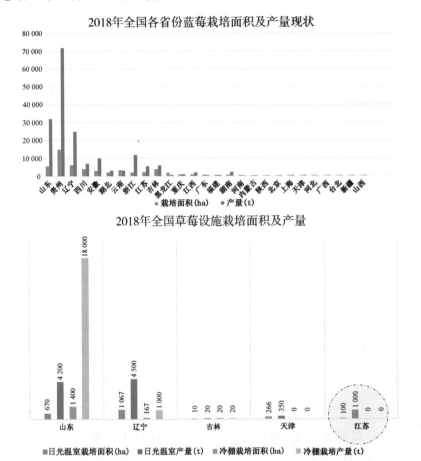

图 7-8　蓝莓产业发展现状及趋势图

蓝莓栽培模式发展趋势由露天土壤栽培转变为促成基质栽培,继而转变
成生态循环农业模式。由单一生产基地转变为观光果园,继而转变成蓝莓休
闲产业园。

b. 溧水区白马镇蓝莓产业发展分析:溧水区白马镇自 20 世纪 80 年代引
进蓝莓种植,也是我国最早种植蓝莓的区域,目前有百亩以上规模的蓝莓种
植企业 20 多家,家庭农场 5 家,农民专业合作社 29 家,种植面积达 1.5 万
亩,挂果面积近 8 000 亩,年总产量可达 3 000 多 t。溧水区白马镇已发展有
机农业示范区 2 000 亩,生态林面积 3 万余亩。蓝莓生产园和农业园区数量
众多,发展规模大。白马镇石头寨村、曹家桥村、李巷村等多个村落,因地制
宜发展农业,依托丰富的山林资源,通过土地流转和规模经营,发展以蓝莓、
黑莓为主的特色林果。溧水区白马镇是江苏省蓝莓的主要种植区,种植规模
及产量都居于江苏省前列。

② 功能定位。根据不同类型品种和当地土壤与气候特点,展示不同模
式的高效栽培技术,为当地蓝莓、黑莓种植企业与种植农户提供良种与高效
栽培技术支撑,促进蓝莓、黑莓产业向着健康、有序、绿色发展。致力于打造

集良种繁育、生产示范、培训交流、田园观光于一体的现代蓝莓产业示范园。

③ 规划愿景。

a. 黑莓、蓝莓良种繁育示范中心：采用标准化育苗技术，对适宜本地的蓝莓、黑莓良种进行组织快繁，以确保果品品种纯正、苗木质量优良，从源头为园区蓝莓、黑莓产业提供优质品种苗。

b. 蓝莓高效种植示范园：根据当地土壤、气候特点及蓝莓生长要求，选择早、中、晚熟品种中适应性良好、产量高、品质优良的种类，采用相应的高效栽培技术，建设高标准示范果园。

c. 黑莓高效种植示范园：采用江苏省中国科学院植物研究所自主选育的最新黑莓优良品种，主要是宁植系列黑莓新品种，建设黑莓高效种植示范园。

④ 规划策略。

a. 布局优化：调整产业结构布局，增加休闲娱乐功能，优化生产研发分区。

b. 景观提升：打造醒目入口景观，营建合理绿化景观，建造多样道路景观。

c. 设施完善：完善生产基础设施，健全不同服务设施，构建休闲采摘设施。

(3) 规划布局

① 规划成果。在上述规划理念与规划策略的指导之下，以现状为依托，以所需功能为依据，力求科学与艺术的平衡，完成规划总平面图。具体总平面图和鸟瞰图如图7-9、7-10所示。

② 空间结构。空间结构为一带三片区。一带指沿着341省道，整个基地构成了一条1.6 km的蓝莓产业示范带。三片区分别是高效种植示范区、优良品种示范区、采摘休闲示范区(图7-11)。

③ 道路系统。在基地的总体规划中，道路系统一共分为两级：主要道路和次要道路。主要道路道路红线宽8 m，硬化路面宽4.5 m，是整个蓝莓基地的主要游览道路和生产道路，为水泥浇筑路面。次要道路道路红线宽4 m，硬化路面宽2 m，主要为不同分区内的内部道路(局部有一些景观栈道)，满足人行和景观需求，为沙石路面(图7-12)。

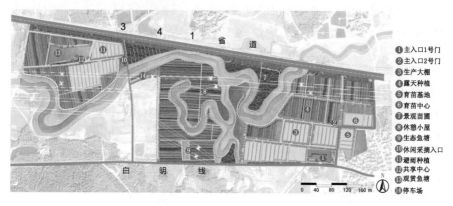

① 主入口1号门
② 主入口2号门
③ 生产大棚
④ 露天种植
⑤ 育苗基地
⑥ 育苗中心
⑦ 景观苗圃
⑧ 休憩小屋
⑨ 生态鱼塘
⑩ 休闲采摘入口
⑪ 避雨种植
⑫ 共享中心
⑬ 观赏鱼塘
⑭ 停车场

图7-9 总平面图

图 7-10 鸟瞰图

蓝莓产业示范带

高效种植示范区

优良品种示范区

采摘休闲示范区

图 7-11 空间结构
示意图

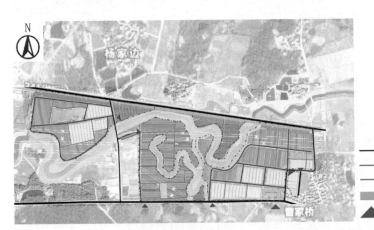

外部道路

一级道路

二级道路

停车场

入口

图 7-12 道路系统图

④ 功能分区。根据整个基地的种植形式以及不同的功能,先将场地划分为四个区域:高效种植示范区、优良品种示范区、采摘休闲示范区、景观种植展示区(图 7-13)。

高效种植示范区:占地 240 亩,采用不同的栽培模式,打造高效的蓝莓种植示范区。优良品种示范区:占地 130 亩,以不同品种的优质蓝莓展示为主,

图 7-13　功能分区图

打造蓝莓优良品种种植示范区。

　　采摘休闲示范区:占地 180 亩,利用蓝莓采摘活动,打造具有特色的观光休闲示范区。

　　景观种植展示区:占地 75 亩,以球状景观苗木的种植为主,打造独特的种植景观展示点。

　　(4)分区规划

　　① 高效种植示范区。占地 240 亩,采用促成栽培、基质栽培、荫棚栽培、露地栽培四种模式,打造蓝莓种植示范区域。主要功能是高效种植模式的参观、交流、培训和展示。其中有独具特色的管理建筑、拥有中植生态标识的大门设计,同时也包含了连栋大棚的育苗中心、荫棚和生产大棚育苗基地(图 7-14、7-15)。

　　基地 1 号门位于高效种植示范区南侧,入口处以片石景墙展示"中植生态"

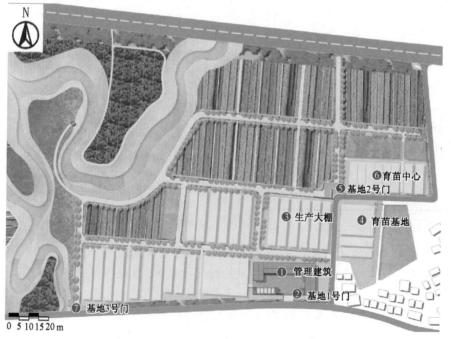

图 7-14　高效种植示范区分区平面图

标识。以电子伸缩门分隔园内外，用沥青铺筑道路。基地 2 号门位于该区东侧，基地 3 号门位于该区南侧，都以镂空不锈钢门分隔内外（图 7-16～7-18）。

图 7-15　高效种植示范区分区鸟瞰图

图 7-16　基地 1 号门效果图

图 7-17　基地 2 号门效果图

图 7-18 基地 3 号
门效果图

管理建筑位于该区入口空间,为砖瓦结构或者木屋结构。

主要道路道路红线 8 m 宽,硬化路面 4.5 m,为混凝土路面;边坡绿化宽度 1.75 m;水渠 1 m 宽标准段长度为 20 m。采用小乔木、球状灌木与地被相结合的方式对主要道路的景观进行提升。乔木可选择观赏价值和经济价值较高的高杆紫薇、金陵黄枫、山茶;球状灌木可选择观赏价值较高的无刺枸骨球、红花檵木球;地被可选择春夏开花的草花植物,例如蓝花鼠尾草、郁金香、芍药、矢车菊、紫罗兰等,着重打造道路春夏景观(图 7-19～7-22)。

次要道路路面宽 2 m,为沙石路,边坡绿化 1 m 宽。主要通过球类灌木和地被组合的方式来提升道路景观。球状灌木主要是红花檵木球和无刺枸骨球(图 7-23～7-26)。

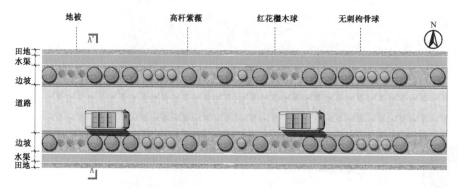

图 7-19 主要道路
标准段平面图

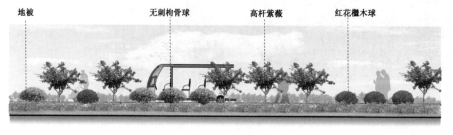

图 7-20 主要道路
标准段立面图

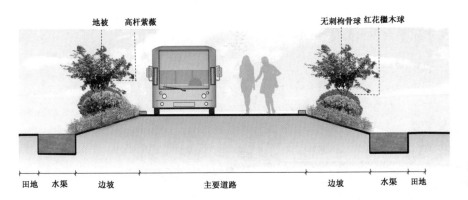

图 7-21　主要道路标准段 A-A′剖面图

图 7-22　主要道路效果图

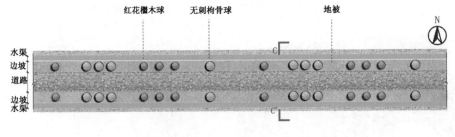

图 7-23　次要道路标准段平面图

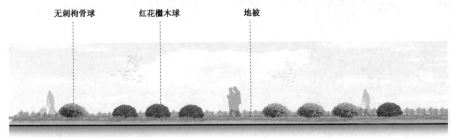

图 7-24　次要道路标准段立面图

　　② 优良品种示范区。占地 130 亩,以不同品种的优质蓝莓展示为主,打造蓝莓优良品种种植示范区。与村民或养殖企业合作,利用动物粪便或秸秆做有机肥,生产有机蓝莓产品。整个规划区域以多品种生态种植为主,点缀

一些休憩小木屋。木屋位于生态鱼塘与蓝莓种植区之间,除木屋本身之外,木屋前还提供了一块木质平台供人们休憩(图 7-27、7-28)。

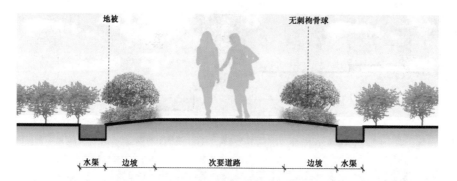

图 7-25　次要道路
标准段 C-C′剖面图

图 7-26　次要道路
标准段效果图

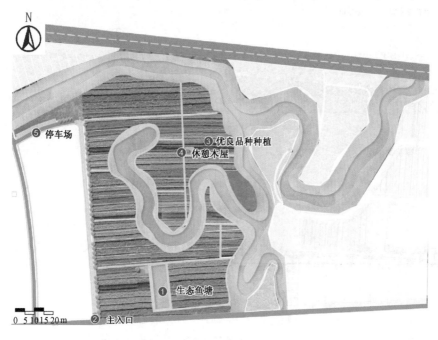

图 7-27　优良品种
示范区分区平面图

图 7-28　木屋效果图

③ 采摘休闲示范区。主要功能为提供高端定制蓝莓采摘活动。设置亲水平台，打造灵动景观效果。其中包含木结构的共享中心，为人们提供品尝蓝莓的场所；同时设置避雨种植和露天种植两种栽培模式，充分考虑不同天气状况下，人们的采摘需求(图 7-29)。

采摘休闲示范区入口位于该区东侧，临近避雨种植区，以镂空不锈钢材质展示园区名称(图 7-30)。共享中心位于该区的核心区，临鱼塘而建，提供给游客一个共享交流的场所(图 7-31)。

④ 景观种植展示区。主要功能为种植球状景观苗木，营造整齐有序的景观效果(图 7-32)。

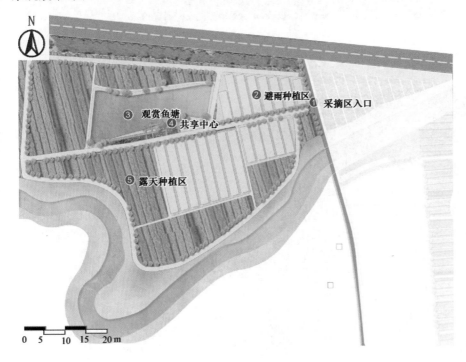

图 7-29　采摘休闲示范区分区平面图

图 7-30　入口效果图

图 7-31　共享中心效果图

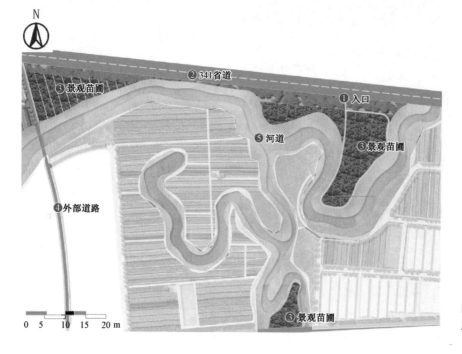

图 7-32　景观种植展示区分区平面图

（5）专项规划

① 道路铺装。园区内室外道路铺装材料的选择主要考虑造价经济及耐久性，尽量运用透水性铺装材料及乡土材料，贴合园区农业氛围。主道路考虑满足运输和参观要求，需耐久性与观赏性兼具，因此选用混凝土；二级道路需要满足生产运输要求，并考虑造价经济性，采用素土夯实并铺设砾石；三级道路即田埂，保持原样，部分可铺设砖石汀步。入口处选用印花混凝土，耐久且贴合园区农业生产的功能。

园区内室外景观建造场地较少，主要分布在采摘休闲示范区，铺装选择主要考虑造价经济以及景观观赏性，选用材料主要为木材以及砾石。

② 植物种植。

a. 规划原则：结合上位规划，合理种植蓝莓；适地适树，选择适合当地立地条件的树种；结合规划，对主要游览道路两侧、重点景点周围进行植物种植规划，满足经济性与观赏性。

b. 各分区植物选择：生产区——兔眼蓝莓、南高丛蓝莓、黑莓；道路区——高杆紫薇、金陵黄枫、山茶、无刺枸骨球、红花檵木球、蓝花鼠尾草、矢车菊、白花车轴草；休闲区——垂丝海棠、桂花、鸡爪槭。

③ 标识系统。

a. 标识系统设计：选择合适材质，如石材、木材，贴合乡野农业生产风格；设计简洁大方，信息清晰明了。

b. 标识系统分级：一级标识位于入口处，显示全园布局；二级标识位于主路边，指引各功能区位置；三级标识位于园区内设施旁，起提醒指示功能；科普标识位于不同栽培模式旁，起科普展示功能。

2. 高淳龙墩湖现代农业生态园

该案例为上海松投高淳龙墩湖现代农业生态园规划项目。该项目紧紧围绕农业产品品种更新，在现有农田骨架的基础上，通过田园景观与园林景点相结合，创造集生产示范、景观示范、观光旅游、科技培训等为一体的新型现代农业科技园区。

（1）项目背景

① 园区区位。高淳区为南京市下辖行政区，地处南京市南部。东邻江苏省溧阳市，南接安徽的宣城市宣州区、郎溪县，西临安徽当涂县，北临南京溧水区。境内西部为水网圩区，东部为丘陵山区，全境为固城湖、石臼湖和水阳江环抱，是首批"国家级生态示范区"。陆路直上宁高高速，距南京禄口国际机场 45 km，宁望一级公路、芜太公路直达宁杭高速；水路西进长江黄金水道，东连太湖苏南水网，区位特点十分鲜明。

高淳龙墩湖现代农业开发区规划总面积 7.5 万亩（50 km²），地理坐标为东经 118°59′、北纬 318°27′，位于漆桥镇东南部，龙墩水库上游；红旗路等若干规划道路通过该园区。本项目是龙墩湖现代农业开发区的一部分，占地 406 ha，靠近龙墩水库，位于龙头水库东南部。园区区位优越，交通便利（图 7-33）。

高淳区区位图

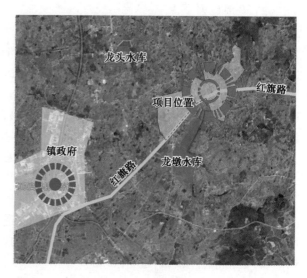

园区区位图

图 7-33　区位分析图

② 背景分析。

a. 自然概况：高淳境内地势西低东高，西部为水网平原区，东部为低山丘陵区。属北亚热带和中亚热带过渡季风气候区，年降水量 1 157 mm，年平均温度15.9 ℃，四季分明，雨量充沛，光照充足，气候宜人，风光秀丽，生态条件优越，是国家级生态示范区和全国环保优秀县。高淳农业资源丰富，特色物产丰饶。全区有固城湖、石臼湖两大天然淡水湖和长江支流水阳江，是清朝乾隆皇帝钦赐的"江南圣地"，素有"日出斗金、日落斗银"的江南鱼米之乡的美誉。

b. 文化概况：高淳历史悠久，薛城古人类遗址、春秋古固城遗址、世界上最古老的人工运河——胥河、明清古街、玉泉古寺等大批名胜古迹保存完好；孔子周游、吴楚争霸、陈毅东征等大批人文景观交相辉映；跳五猖、大马灯、打水浒等民间艺术流光溢彩。近年来开发建设成的高淳老街、游子山、迎湖桃源等三大景区，使高淳成为南京及周边城市市民观光、休闲、度假的优选之地。

高淳美食旅游业发展也取得了显著成效。通过实施老街历史文化街区东延北扩工程，加大游子山国家森林公园创建力度，打造大山乡村旅游示范村，成功举办第十一届螃蟹节和油菜花节、荷花节、年货文化节等一系列活动，旅游节庆知名度得到显著提升。与此同时，桠溪生态之旅区域成为全国首个"国际慢城"。

高淳区物产丰饶，特色鲜明。珍珠工艺品、贝雕工艺品精巧美观、丰富多彩；玉泉炻器精致实用，十分畅销；高淳菜肴，乡土特色，咸辣适宜；高淳羽扇，精巧雅致，取凉上品；老街豆腐干，味美可口，闻名遐迩；青山碧螺春，形美味醇，茶中珍品；固城湖螃蟹，体大味鲜，闻名遐迩。

③ 产业现状分析。高淳区坚持以特色创优势、强基础，着力构建具有地

方特色和比较优势的产业体系。以大力实施高效、品牌、设施、观光休闲等"四大现代农业培育工程"为抓手,加快建设西部螃蟹、南部食用菌、东部经济林果等三大生态农业示范区,着力打造龙墩湖现代农业开发区、固城台湾农民创业园、武家嘴农业科技园等一批科技园区,扶持壮大国家农业产业化重点龙头企业区水产批发市场。努力构建集生态体验、文化赏析、乡村旅游于一体的长三角知名休闲旅游度假基地。

食用菌产业:全区的食用菌产业超常规实现跨越式发展,无论在产业规模、栽培种类、基地建设、产品档次、品牌创建等方面都得到了快速发展,成为江苏省最大的食用菌生产基地,跨入了全国食用菌生产先进区行列。

蔬菜产业:全区蔬菜基地各有特色,生产、销售优势明显,以小兰西瓜、樱桃番茄、水果黄瓜、甜瓜为主打产品,同时发展芦笋等品种朝阳产业。

花卉林果产业:全区优先发展花卉、苗木、经济林果种植,设施栽培生产干切花。建设以松、杉为主的乡土树种苗圃,并建有早园竹、茶园等基地。果品产业品种包括葡萄、草莓等。

水产业:全区围绕发展生态渔业,突出"科技、环保、规模、高效"四大主题,以发展优质、高效河蟹养殖为重点,以渔业生态健康养殖示范创建、生产过程的质量控制规范达标示范创建、养殖模式示范创建为抓手,实现河蟹养殖业的高效和可持续发展。

④ 机遇与挑战。目前我国正处于经济结构战略性调整的重要时期,随着长三角区域经济一体化进程的加快,传统农业向现代农业转型势在必行。这些都为建设现代高效经济林果示范产业园区,实现以点带面,推进优势特色产业上规模上水平带来了新的发展机遇。

党和国家对发展现代高效农业高度重视,对"三农"问题十分关注,农业的基础地位得到进一步加强,一系列支持现代农业发展的政策陆续出台。同时经济林果(时令水果、花卉苗木、特色蔬菜)市场需求相对增加。随着社会经济的快速发展和人们生活水平的不断提高,时令果品、花卉苗木、特色蔬菜等经济作物消费量逐年增加,尤其是优质时令水果、高档花卉苗木、特色蔬菜需求量大增,价格上升。特别是农业生态休闲旅游的兴起,回归自然、劳作体验、果蔬采摘成为时尚,由此也拉长了产业链,扩大了产品销售渠道,市场前景广阔。城乡一体化进程的加快,促进了劳动力专业化和土地的有序流转,有利于建立灵活的生产经营机制,有利于招商引资,实现投资渠道的多元化,为推进经济林果规模经营、建设现代化高效经济林果产业园区提供了机遇。

但是农业园区如今的发展仍存在一些问题,如:生产方式落后,组织化程度相对偏低,农户与农户之间、农户与企业之间联系不紧密,不易形成产、加、销一体化的格局,抵御自然灾害、市场风险能力差。栽培品种普通,以乡土品种为主,新奇特高档品种少,产品仍处于初级状态。栽培模式以露地栽培为主,现代设施少,基础配套不到位,土地产出率低,经济效益偏低。

（2）场地分析

① 用地现状分析。园内有以下几种用地类型：农田、水体、林地、苗圃及果园、谷地、村落（图7-34）。农田分布广泛，有一般农田和基本农田两种类型，均依附村落存在；园内大小水塘分布较广泛，园内水系与龙墩水库相连接；园地东北部以松和杉为主要植被，包围着由坝蓄成的大水塘，形成了一处特殊景观；农田中分布着苗圃和果园，主要种植松、杉和桃、柿等一些乡土树种，苗木长势较好；谷地依附着部分水塘分布，丰富了园区地貌；主要村落栗材村靠近红旗路，其他村落分别靠近汤家山和朱岗。

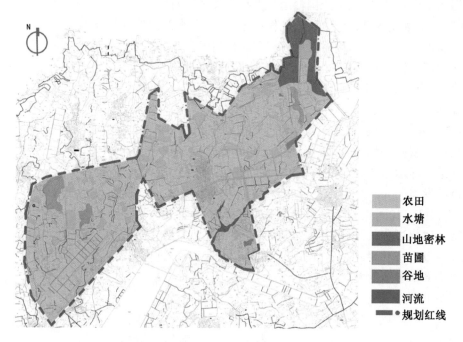

农田
水塘
山地密林
苗圃
谷地
河流
规划红线

图7-34 用地现状图

② 交通分析。园内现存的主干道红旗路通往城市主干道和凤路；若干已建砂石路通往芝沙线以及外围的宁宣高速公路；待建的乡镇路也增加了园区内的流通性（图7-35）。

③ 水体和植被分析。园区内部水体主要为河流和水塘两种类型。河流一共两条，分布于园区中南部，汇入龙墩水库；水塘分布广泛，遍布园区内各处。

除农作物外园区内部主要植被有松杉林地、乡土树种和茶。松杉林地主要分布在园区东北处；园区内有少量分布的桃树、杨树，长势较好，并具有一定的景观效果；茶分布于园区西北角地势较高处，具有相当高的经济价值（图7-36）。

④ 用地适宜性分析。基地海拔高度在10～55 m，东北角海拔较高，南部、西南部海拔较低，均为15～25 m。场地内部海拔分布以大面积的块状为主，不碎裂、不散乱，适于进行大面积的生产种植。较平坦的区域设置大棚、温室，以便生产，洼地较多，坡度较大的区域可种植果树、茶叶（图7-37、7-38）。

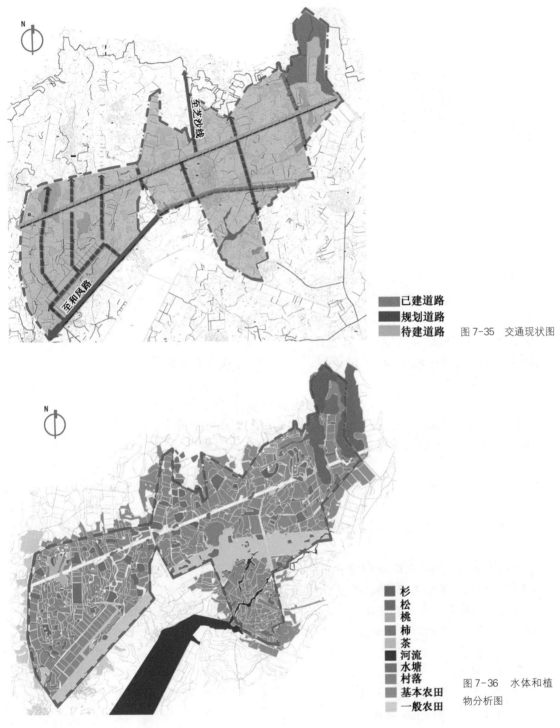

图7-35　交通现状图

图7-36　水体和植物分析图

⑤ 优势与不足。

a. 优势：

区位便利,交通方便。园区位于高淳县城的东北方向,有潜在的客源市场存在。距离宁宜高速仅为4.6 km,距离省道3 km,并与毛公铺路、和凤北

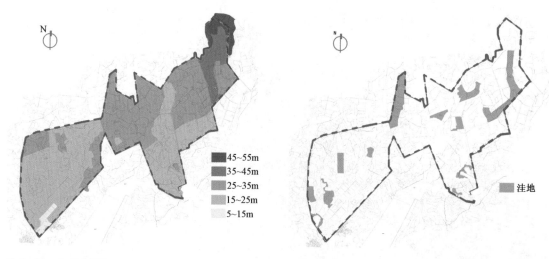

图 7-37　基地现状高程分析图(左)

图 7-38　基地现状洼地分布图(右)

路相邻,交通便捷。

　　市场需求量大。随着收入的增加,闲暇时间的增多,生活节奏的加快以及旅游产品竞争的日益激烈,人们渴望多样化的旅游,尤其希望能在典型的田园环境中放松自己。从 1994 年以来的有关数据表明,城镇居民旅游人次和旅游支出逐年递增,尤其近年随着假日经济的兴起又有大幅增长。由于观光农业的客源主要为国内城市居民,因此可以预测,对观光农业的需求也将保持一个旺盛的态势。

　　当地政府的支持。高淳区人民政府坚定不移地走产业与生态协调并进的发展道路,不以牺牲环境为代价。高淳作为南京生态环境和现代农业战略基地,现代农业、观光农业等新型农业皆具有影响全国的示范性。

　　b. 不足:

　　地形单一。地形平坦,缺少天然的山水地形格局,安排综合性的观光游览项目受到一定制约。

　　植被杂乱。植被种植混乱,农田利用缺乏合理规划;同时鱼塘养殖过于散乱。

　　特色不鲜明。现状园区肌理以农田为主,种植农产品混乱,缺乏主打产业,主题与特色不够鲜明,对游客的吸引力不高。

　　周边环境缺乏呼应。基址周边以农田为主,缺乏自然景观要素或有特色的历史人文资源,难以形成景观联系和规模效应。

　　(3) 规划思路

　　① 规划依据。

　　《中华人民共和国城乡规划法》,2007。

　　《中华人民共和国土地管理法》,2004。

　　《中华人民共和国环境保护法》,1989。

　　《全国生态环境保护纲要》,2000。

　　《中华人民共和国国民经济和社会发展第十二个五年(2011—2015)规划纲要》,2011。

《龙墩湖现代农业科技园总体规划》，2011。

《江苏省人民政府办公厅关于推进现代农业产业园区建设的通知》，2010。

② 规划原则。

a. 可持续发展原则：理性地处理开发与保护的关系，充分尊重自然规律，使人与自然和谐发展。控制园区配套设施的内容、规模体量和建筑风貌，注重与周围自然生态环境的协调统一，同步提高环境质量和旅游质量，确保产业经济与旅游全面发展。

b. 因地制宜原则：从实际出发，因地制宜，在功能布局的处理上，充分考虑具体的立地条件，要远近结合，统一规划，分期实施，使农业园区规划与社会经济发展相协调，并具有可操作性。

c. 产业发展原则：奠定现代农业生产的基础地位，并通过完善休闲服务体系，健全现代农业经营体系，加大宣传现代农业理念，强化服务质量，走示范化、规模化并存，效益型的发展之路。

d. 特色性原则：在发展定位、经营方式和景观创造上均应突出特色，增强"生命力"和吸引力。

e. 参与性原则：农业园区空间广阔，内容丰富，应极富参与性，其规划要紧跟旅游市场的发展方向。农业园提供直接参与体验的机会，自娱自乐成为旅游时尚，城市游客只有广泛参与到农业生产、生活的方方面面，才能更多层面地体验到现代农业生产及原汁原味的乡村生活情趣，从而提高游览兴致。

③ 规划指导思想。以科学发展观为指导，紧紧围绕农业产品品种更新，着眼于新品种的引种、开发和高科技生产示范，充分利用相关学科知识，因地制宜，统筹规划，在现有农田骨架的基础上，通过田园景观与园林景点相结合，创造集生产示范、景观示范、观光旅游、科技培训等为一体的新型现代农业科技园区。

④ 规划定位。本规划立足于区域的农业发展平台，以高效有机农业为基础、设施生态农业为支撑、科学研究为动力、休闲农业为提升，打造集科研、生产与经营、示范与推广、观光与休闲为一体的复合型现代农业产业园区。

⑤ 规划特色。

a. 科技农业：园区以现代设施生态农业（温室、大棚、组培中心）为主导，在设施工程的基础上，以有机肥料替代化学肥料，以生物防治和物理防治措施为主要手段进行病虫害防治，以动、植物的共生互补良性循环等技术构成新型高效生态农业模式。

b. 健康农业：园区以生产有机果品和有机蔬菜为主，种植有机茶叶和粮食辅之，为广大周边地区提供健康饮食。

（4）规划方案

① 总平面图。在上述规划理念的指导之下，以现状为依托，以所需功能为依据，形成项目总平面图，体现了科学性与艺术性的统一（图 7-39、7-40）。

② 功能布局。整个园区大的功能布局分为产业区、科技研发区、科普休闲区三大片区，其中产业区包括设施栽培区、有机果种植区、有机茶种植区、

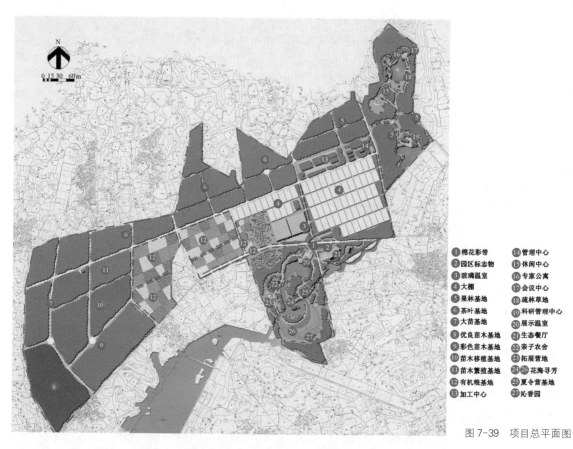

① 棉花彩带　　⑭ 管理中心
② 园区标志物　⑮ 休闲中心
③ 玻璃温室　　⑯ 专家公寓
④ 大棚　　　　⑰ 会议中心
⑤ 果林基地　　⑱ 疏林草地
⑥ 茶叶基地　　⑲ 科研管理中心
⑦ 大苗基地　　⑳ 展示温室
⑧ 优良苗木基地　㉑ 生态餐厅
⑨ 彩色苗木基地　㉒ 亲子农舍
⑩ 苗木移植基地　㉓ 拓展营地
⑪ 苗木繁殖基地　㉔㉖ 花海寻芳
⑫ 有机粮基地　　㉕ 夏令营基地
⑬ 加工中心　　　㉗ 沁香园

图 7-39　项目总平面图

图 7-40　项目鸟瞰图

有机粮种植区、苗木生产区、加工区和管理区(图 7-41)。

③ 分区规划

a. 产业区:

设施栽培区。位于园区的中部,占地 58.9 ha(883.5 亩)。以玻璃温室、8332 型大棚和组培中心为主要生产设施(图 7-42、7-43)。

玻璃温室　温室以鲜切花的生产为主,主要品种有蝴蝶兰、百合、一品红等。

生产大棚　大棚以有机蔬菜种植为特色,以有色健康的品种为主,如黑色系食品(黑木耳、黑香菇、黑米、黑芝麻等)、紫色系食品(紫薯、茄子、洋葱、马齿苋、苋菜、紫扁豆、桑葚等)。

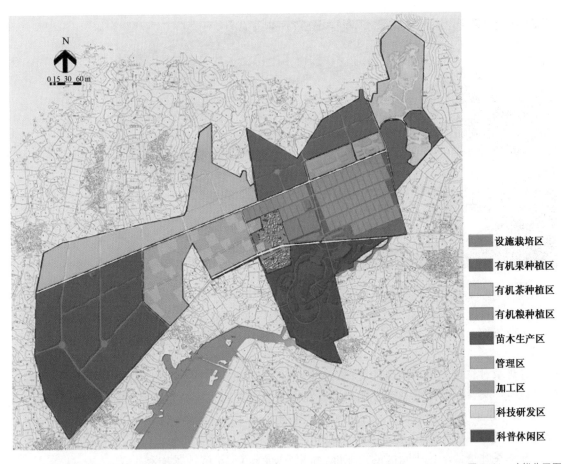

设施栽培区
有机果种植区
有机茶种植区
有机粮种植区
苗木生产区
管理区
加工区
科技研发区
科普休闲区

图 7-41 功能分区图

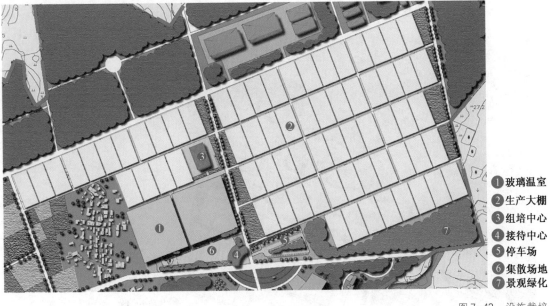

❶ 玻璃温室
❷ 生产大棚
❸ 组培中心
❹ 接待中心
❺ 停车场
❻ 集散场地
❼ 景观绿化

图 7-42 设施栽培区平面图

图 7-43 设施栽培区鸟瞰图

组培中心 农业生产新技术的开发应用,便利的设施方便了各个环节的操作。

集散场地 集散广场以及主入口的停车场为人流的分散和参观提供了空间。

有机果种植区。 位于园区的北部,占地 33 ha(495 亩),以桃为主打果品,适量地生产梨、梅、葡萄等季节性的果品。在桃花烂漫之时也可结合观赏、摄影、采摘等娱乐项目,使园区充满了自然乐趣(图 7-44、7-45)。在桃花林间设置小广场形成休憩空间,供游人欣赏玩乐。

有机茶种植区。 位于园区的西北部,面积 54.4 ha(816 亩),紧挨和平茶叶基地,有利于有机茶叶的规模化生产和技术交流,生产多品种茶叶(金陵春茶、南京雨花茶、青山碧螺春等),满足消费者的需求(图 7-46)。

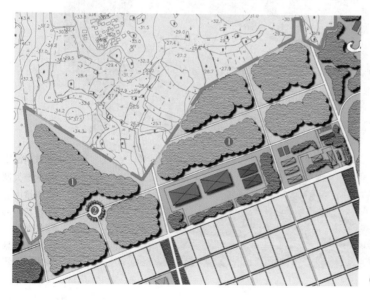

❶桃花林
❷休憩小广场

图 7-44 有机果种植区平面图

图 7-45　有机果种植区鸟瞰图

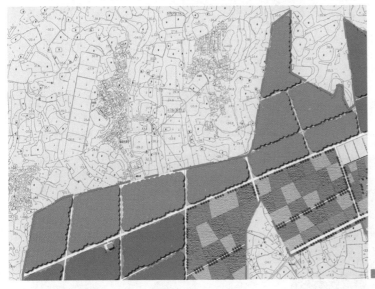

■ 有机茶田

图 7-46　有机茶种植区平面图

　　有机粮种植区。位于园区的中部,占地 41.8 ha(627 亩),用于种植不同季节性有机作物,如紫扁豆、黑芝麻等(图 7-47)。

　　苗木生产区。位于园区的西部,占地 102.6 ha(1 539 亩)。由苗木繁殖区、苗木移植区、大苗区、优良苗木观赏区和彩色苗木观赏区组成(图 7-48)。

　　苗木繁殖区　充分利用嫁接和扦插技术培养新品种。

　　苗木移植区和大苗区　为苗木的生长提供不同的生长环境,建设有相应的生产配套设施。

　　优良苗木观赏区和彩色苗木观赏区　主要以展示为主,同时结合生产,向游人展示了长势良好的苗木和不同的色叶树种,丰富园区景观。

　　加工管理区。位于园区的东北部,占地 10.7 ha(160.5 亩)。加工区靠近温室大棚,便于新鲜农产品的加工,管理区则方便了员工的工作与生活。配套设施有加工库房;同时为丰富职工生活,建设有休闲健身设施篮球场。

　　b. 科技研发区:科技研发区位于园区东北部,交通便利,环境优雅,主要分为科研区与商务区。科研区位于科技研发区的南部,该区地势两侧高、中间低,末端有一自然水系;设置科研中心与培训中心,主要负责农业科技研发

图 7-47 有机粮种植区平面图

▨ 有机作物田

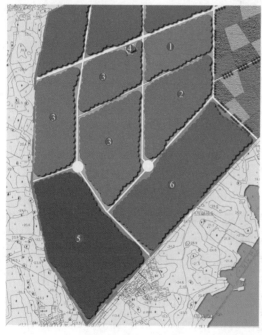

① 苗木繁殖区　　② 苗木移植区
③ 大苗区　　　　④ 管理用房
⑤ 优良苗木观赏区　⑥ 彩色苗木观赏区

图 7-48 苗圃生产区平面图

与科技培训,建筑内庭与滨水区设置科技广场,供游人与员工休闲。建筑广场周边种植大片桃花林,既为景观,也做生产。沿入口进入该区,宛若进入世外桃源,安静,典雅(图 7-49、7-50)。

接待服务区位于科技研发区的北部,该区三面环山,地势北高南低,北面有一较大面积水系。该区设置会所、别墅以及附属休闲设施,主要提供商务服务,兼有休闲度假功能。建筑围绕水系而建,最大限度地将建筑与优美的

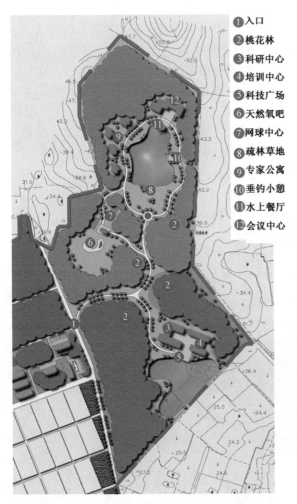

❶入口
❷桃花林
❸科研中心
❹培训中心
❺科技广场
❻天然氧吧
❼网球中心
❽疏林草地
❾专家公寓
❿垂钓小憩
⓫水上餐厅
⓬会议中心

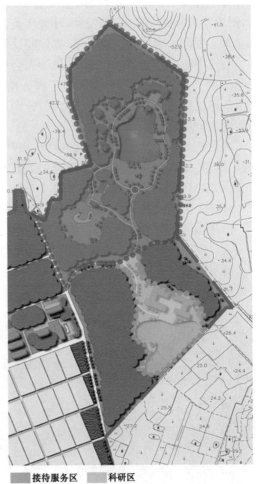

接待服务区　　科研区

自然环境结合在一起,营造出舒适、自然的商务休闲空间。

桃花林　位于场地地势坡度较大的区域,中间低、两边高,既为景观林,也具备一定的生产功能。沿入口进入该区,大面积的桃花林会给观者带来强烈的视觉冲击,宛如进入世外桃源。

科研中心　位于场地中部地势较为平坦处,南面朝水,其他三面被桃花林包围,环境优美,主要负责整个园区农业技术的科研开发。

培训中心　与科研中心相邻,主要提供农业技术培训,一定程度上也是科研中心的附属建筑,提供科研人员休闲、餐饮等基本服务。

科技广场　从北部科研中心与培训中心围合的内庭一直延伸到南部水边,供游人和科研人员休闲放松。

天然氧吧　位于园区西部,被密林环绕,在此区域人们可以呼吸到新鲜空气,沐浴阳光,放松精神。

网球中心　提供两块网球场地,供游人娱乐练习之用。

疏林草地　利用水前的坡地,种植大面积的草地,营造大尺度的疏林草地景观,给游人心旷神怡之感。

图7-49　科技研发区平面图(左)

图7-50　科技研发区分区图(右)

121

专家公寓　位于水面西部,主要提供度假、商务、科研人员平时居住之用,附属场地临路面水,交通便利,环境优美。

水上餐厅　为该区主要景观,提供餐饮服务,也兼做会议之用。

会议中心　位于园区北面,提供游人会议、餐饮、住宿等服务。

c. 科普休闲区:科普休闲区位于园区南部,该区地形平坦,海拔较低,并有两条河流穿过。其中共有4个分区,分别是观光展示区、亲子农庄区、少年拓展区和香草区(图7-51)。

观光展示区。以展示该园区的特色农产品和高新技术为主要目的,兼有餐饮、休憩、停车设施等功能的综合性服务区域,布置有入口标志物、生态餐厅、展示温室和小型办公室(图7-52、7-53)。

入口标志物　位于科普休闲区入口处,强调园区特色,突出农业生产的特性。

锦花彩带　种植各色花卉,给人以强烈的色彩感。

入口广场　不仅是人群汇集中心,也是区内一级道路的汇集点。

展示温室　入口主建筑,以展示农业园区生产的特色品种、高新生产技术为主,以供游人参观。

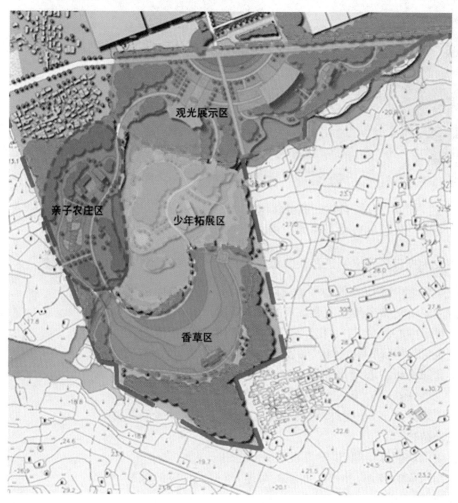

图7-51　科普休闲区平面图

❶锦花彩带
❷入口标志物
❸入口广场
❹展示温室
❺生态餐厅
❻办公楼
❼停车场

图 7-52　观光展示区平面图

图 7-53　观光展示区效果图

生态餐厅　面积约为 0.6 ha 的温室,内部设餐厅,以提供园区生产的食用产品为特色,提倡绿色自然的饮食之道。

亲子农庄区。为家庭提供活动场所的区域,其中设有具有农业生产特色的种植区域和亲子活动场所(图 7-54)。

亲子农舍　主要为携带孩童来园区游玩的游客们提供居住场所,布置有系列游乐设施。

动物农舍　圈养一些小型的家禽动物,以方便小朋友们亲近动物。

大手拉小手　以亲子活动为主题的植物栽种区,并提供植物认养的活动。

阳光草地　以疏林草地为主,孩子们可以在草地上放风筝、玩追逐等简单游戏。

穿越游戏　密林之中设置一些小型场地,提供器械,在大人的带领下,使孩子们得到适度的拓展训练,可以开展攀爬游戏等。

少年拓展区。该区主要是青少年活动区域,设有夏令营基地,以方便住宿和活动,并设有拓展训练场所(图 7-55)。

❶ 亲子农舍
❷ 动物农舍
❸ 大手拉小手
❹ 阳光草地
❺ 穿越游戏

图 7-54　亲子农庄区平面图

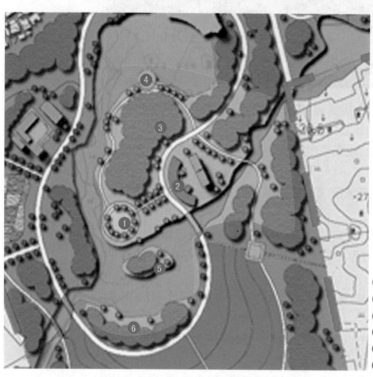

❶ 中心广场
❷ 夏令营基地
❸ 拓展训练
❹ 垂钓中心
❺ 绿岛萋萋
❻ 湿地栈道

图 7-55　少年拓展区平面图

　　中心广场　该广场位于水流边,是科普休闲区的视线焦点,广场以硬质铺装为主,配以象征意义的立柱,为游客提供活动场所。

夏令营基地　夏令营基地为到此地参加拓展活动的青少年以及其他游客们提供住宿、餐饮等服务内容,设施全面,装备完善。

拓展训练　设置于密林中的拓展基地,提供攀爬、匍匐、露营等拓展活动,以丰富青少年的课外娱乐生活。

垂钓中心　前方面临大面积水面,成为垂钓、捕鱼的优良场所,并可设置水车等水边使用的农用工具。

绿岛萋萋　岛上绿树郁郁葱葱,鸟鸣不绝,生态环境较好。

湿地栈道　以木栈道为承载,为游客提供亲近湿地的机会,野草穿插其间,野趣无穷。

香草区。大面积种植香花植物,设有作坊以便游客体验和参与工艺加工活动(图 7-56)。

❶花海寻芳
❷沁香园

图 7-56　香草区平面图

花海寻芳　种植大片花卉,形成景观带。

沁香园　以芳香精油工艺生产为主,为游客提供亲身体验工艺制作的场所,并提供少量住宿服务。

(5)专项规划

① 道路系统规划。

a. 规划目标:满足园区内各种旅游活动的需要,保证园区对外和对内交通的便捷;保护园区的自然环境,尽量减少道路工程所造成的对环境的破坏;各级道路的组织结合了现状地形和规划道路,力争线路设计的科学化。

b. 出入口设置:为了方便游人出入,对外设置规模各异的出入口五个,均沿着园外主干道(红旗路)分布,其中主入口位于园区东部,其余各个入口以方便游人出入为原则。

c. 交通组织:生态园内的一级道路基本贯穿各个片区,考虑到消防和管理的需要,形成环路(图 7-57)。一级道路为机动车道,是生态园主要游览通车道路,起着与外部城市道路联系、串联各个生产区和景区的功能。二级道路主要为生产道路和游览道路,方便生产的管理和景区的游览。生态园共设五个停车场,其中主入口 52 个停车位,办公管理区共 45 个停车位,另外生态餐厅和科研区也相应地设置了停车位。

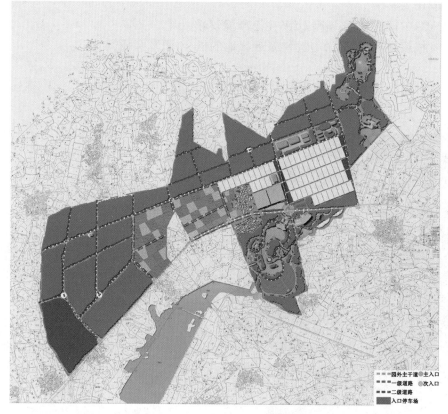

图 7-57　交通规划图

② 游线规划。

a. A 线(科技线):入口——展示温室——玻璃温室——大棚参观——有机粮基地——茶叶基地——苗木繁殖基地——苗木移植基地。

b. B 线(休闲线):入口——展示温室——亲子农庄——花海寻芳——沁香园——中心广场——夏令营基地——生态餐厅。

c. C 线(商务线):入口——玻璃温室——大棚参观——加工中心——管理中心——商务会所(图 7-58)。

③ 竖向规划。

a. 规划原则:在充分保护、利用原有地形地貌的原则上,以及满足保留现状物和便于地表水排放的前提下,确定主要景观物、场所的高程及其对环境地形的要求。最大限度地保持和利用现有水域面积和微地形的地形现状。

b. 竖向现状:现状场地无起伏较大的陡坡悬崖等,地势较均衡,海拔差距较小。

c. 场地土方平衡:场地内地势低平,部分鱼塘需填埋,土方平衡主要为填方。科普休闲区水中岛屿从水面扩大挖方中取土(图7-59)。

　　④ 水体规划。原先场地的中部和北部有较多散乱的水塘,在规划中就近取材,直接为苗木生产、作物种植提供水源,使得场地原先的肌理得以保

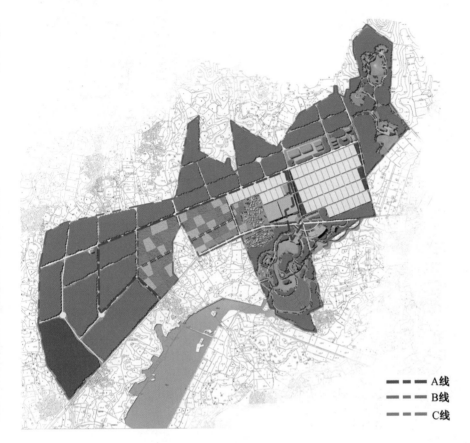

- - - A线
- - - B线
- - - C线

图7-58　游线规划图

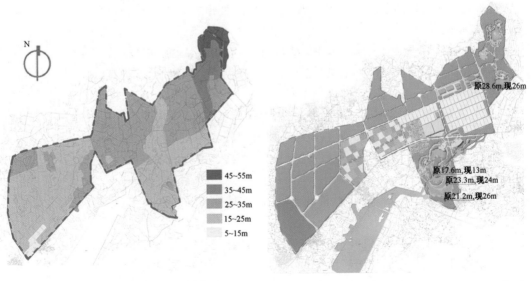

45~55m
35~45m
25~35m
15~25m
5~15m

原28.6m,现26m

原17.6m,现13m
原23.3m,现24m
原21.2m,现26m

图7-59　竖向规划图

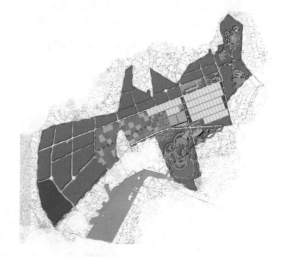

图 7-60　现状水体分布图(左)
图 7-61　规划后场地水体分布现状图(右)

存。东北部的水塘进行适当整合,以配合科研区的造景需求。

　　场地南部的两条河流依旧保留,并依照地形、地势以及景观需求,将部分水面进行扩大以便开展活动和优化景观视线,将自然水系运用到景观用水中,避免了盲目挖山开水的建设,不仅使得科普休闲区景观优美,并且在施工上易于操作(图 7-60、7-61)。

　　⑤ 植物规划。从生态学和景观美学原理出发,一方面积极充分利用当地的乡土树种,因地制宜,适地适树,在不同的分区形成各具特色的植物群落;另一方面引用其他具有较高观赏价值的外来品种,优化生态系统,营造质朴优美的植物景观。

　　a. 规划原则:多样统一原则,生态设计原则,特色突出原则和因地制宜原则。

　　b. 植物分区规划

　　产业区。多选用姿态优美的大树做骨干树种,种植方式以孤植、对植为主,局部规则式种植。

　　乔木:杨树、雪松、枫杨、柳树、水杉、大叶女贞、五角枫、国槐、银杏。

　　小乔木及灌木、爬藤等:鸡爪槭、桂花、樱花、紫荆、紫薇、火棘、八仙花、凤尾兰、向日葵、芦苇、再力花、金丝桃。

　　地被:鸢尾、萱草、金鸡菊、石蒜、麦冬、沿阶草、雏菊。

　　科技研发区。以乡土树种为主,规则式种植。

　　乔木:香樟、欧洲七叶树、北美枫香、五角枫、国槐、大叶女贞、柳树、乌桕、枫杨、银杏。

　　小乔木及灌木、爬藤等:海棠、樱花、桂花、梨、月季、花石榴、芦苇、水葱、菖蒲。

　　地被:火棘、金森女贞、红叶石楠、花叶络石、百合、麦冬、二月兰、沿阶草。

　　科普休闲区。一方面种植经济树种为游人提供有关农业种植方面的展示,另一方面种植香花植物来引导游人对种植活动的参与。以自然式种植为主。

乔木：香樟、水杉、池杉、雪松、柏木、榉树、合欢、五角枫、大叶女贞、柳树、乌桕、泡桐、广玉兰、白玉兰、枫杨、银杏、法国梧桐。

小乔木及灌木、爬藤等：海棠、樱花、桂花、丁香、梅、碧桃、梨、月季、枇杷、葡萄、紫藤、杜鹃、向日葵、鸢尾、千屈菜、水葱。

二、农业产业和休闲并重的农业观光园

1. 阜阳颍州观赏鱼产业园

阜阳观赏鱼产业园总体规划项目以鱼产业为依托，打造出一系列鱼主题休闲娱乐活动，以发展观赏鱼产业为辅，建设安徽省范围内最专业、最一流的观赏鱼产业园。

（1）项目背景

① 休闲农业发展。自 20 世纪 90 年代以来，我国的乡村旅游开始飞速发展，农业部会同发展改革委、财政部等 14 部门联合印发了《关于大力发展休闲农业的指导意见》，提出到 2020 年，布局优化、类型丰富、功能完善、特色明显的休闲农业产业格局基本形成；社会效益明显提高，从事休闲农业的农民收入较快增长；发展质量明显提高，服务水平较大提升，可持续发展能力进一步增强，成为拓展农业、繁荣农村、富裕农民的新兴支柱产业。

《阜阳市"十二五"旅游业发展规划》中提出"依托颍州西湖，加快发展休闲度假旅游；依托阜阳汽贸物流园，倾力打造现代高端商务旅游产品。加快发展航空、水上运动项目。'十二五'期间，努力创建 2 个国家 4A 级旅游景区和 1 个省级旅游度假区"的规划目标。

进入 21 世纪，休闲农业的发展已进入一个全面发展的时期，旅游景点增多，规模扩大，功能拓宽，分布扩展，呈现出朝气蓬勃的发展新态势。

② 规划影响。2016 年上半年阜阳市共接待游客 885.86 万人次，同比增长 8.22%；旅游经济总收入达 40.77 亿元，同比增长 10.19%，全市旅游经济呈现较快增长的态势。各项旅游指标增幅高于年初预期，旅游收入增幅高于旅游接待增幅，国内散客游、自驾游继续呈较快增长态势，乡村旅游等开放型景区接待增幅高于收费景区。阜阳生态园接待游客 105.3 万人次，同比增长 6.99%；颍州西湖景区接待游客 17 万人次，同比增长 31.78%。

数据显示阜阳旅游业发展形势良好，乡村旅游热度较高，阜阳生态园的成功营建为规划项目提供了优良的先行范例。

③ 旅游发展。颍州西湖风景区为"以欧苏历史文化和湿地景观为主要特色，以观光游览、文化探源、生态休闲为主要游览内容的生态型湿地湖泊旅游风景名胜区"。在西湖景区规划中，该地块用地性质为生态休闲用地，为后期发展成以农业产业为主要特色的观光园提供了规划基础（图 7-62）。

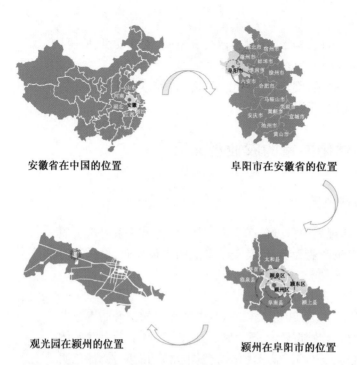

安徽省在中国的位置　　　　　　　　阜阳市在安徽省的位置

观光园在颍州的位置　　　　　　　颍州在阜阳市的位置　　　　　图 7-62　区位分析图

④ 总体规划目标。总体结合《阜阳市泉河生态经济示范区建设总体规划》的解读,该地块规划应体现以下特性:

a. 以体现生态为主,注重大环境绿化,再现原生态景观和湿地景观,经过几年的建设,使颍泉河风景带成为展现阜阳新形象的标志之一。

b. 提供亲近自然的生态环境,开辟休闲娱乐的开放空间。

c. 规划建成为以森林野趣为主题,以自然水景为依托,集观光、度假、休闲、野营为一体的市级综合性风景区。

在规划中,该地块属于颍州西湖生态湿地公园范畴,也是农业观光带规划中颍州西湖国家级休闲农业示范的重要节点。

⑤ 产业发展。截止到 2015 年 7 月,阜阳市现有规模化养殖企业 20 家,养殖面积达到 500 亩,养殖种类涉及锦鲤系列、金鱼系列品种 50 多个,年生产观赏鱼 1.5 亿尾,有较为集中的水族市场 1 个,观赏鱼、水族器材经营企业 26 家。

颍州区是观赏鱼生产的主产区,观赏鱼养殖发展迅速,截止到 2016 年观赏鱼养殖面积达 480 余亩,养殖品种达 30 多种,年创产值 1 000 万元。全区水产养殖有限公司养殖面积达 350 余亩,通过引进鱼苗以及加强培育,壮大品种数量与发展规模,引进先进技术,开始探索立体流动养殖模式,提高每立方米的养殖量,进一步提升养殖效益。全区水产养殖有限公司选送的锦鲤连续三年在安徽"裕丰杯"观赏鱼大赛中获得锦鲤组金奖,被安徽省水族协会授予"观赏鱼健康养殖示范基地"。

(2) 基地分析

a. 用地范围及类型分析:场地规划范围南起 102 省道,北至泉河杨树林带,东至颍州西湖,西与现有村庄相接,规划红线内包含邱庄及渔业村二村,总用地面积约 210.4 ha(约 3 156 亩,图 7-63)。

基地以农田、水塘为主,少量村庄与道路,含一定规模苗圃用地。规划中应梳理农田形成网状肌理、重组水塘促进高效生产(图 7-64)。

b. 交通分析:场地南侧紧邻 102 省道,北侧为颍泉河风景带相关景区道路,东侧近灌渠道路支系众多,与园区联系紧密,具有相对便捷的区域交通可达性。内部交通未成体系,明显道路是从省道进入邱庄的水泥小路,其他为田间土路,联系繁杂而缺乏梳理,基本没有保留价值。规划高铁横穿红线范围(图 7-65)。

c. 建筑分析:现状渔村、采摘大棚已投入使用,缺乏景观建筑,景观优势未能充分挖掘。规划中应合理修缮并新增功能性、景观性、生产性建筑,使得园区多方面完善发展(图 7-66)。

d. 水系分析:初具养殖规模,水体资源以水塘、河渠为主,布局零散。规划中应扩大生产水系,形成集中养殖区;结合造景梳理景观水系(图 7-67)。

e. 植被分析:种植类型分为苗圃、农田、滨水区域、村庄种植,整体风貌乡野自然。规划中应采用园林式种植提升核心景观风貌、规则式种植促进高效生产,村庄植物配置则突出野趣(图 7-68)。

f. 地形地貌分析:整体地势南高北低,相对平坦,局部低洼。园区规划应因地造势、挖湖汇水,以丰富体验空间、提升景观效果(图 7-69)。

g. 生态格局分析:根据 CAD 和卫星图片对基地内的要素进行分类和量化分析,基地面积约为 210.4 ha。水塘占地 9.5%,约 20.0 ha;草地占84.6%,约 178.0 ha;村落面积有 12.6 ha,大约占基地面积的 6.0%。规划地块内的构成要素主要为外围水系、苗圃、水塘、农田、村庄、道路六种。基地东

图 7-63　用地范围分析图(左)

图 7-64　用地类型分析图(右)

侧水塘较多,村庄分布于南侧的近102省道,其余则为农田。场地东侧渔业村紧靠颍州西湖,居住较为集中,鱼塘分布也较为规整(图7-70)。

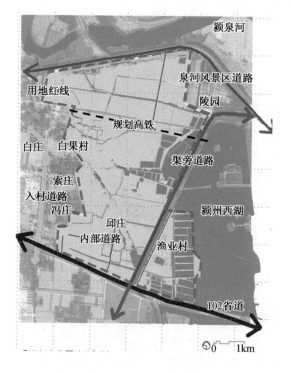

图7-65 交通分析图(左)

图7-66 建筑分析图(右)

图7-67 水系分析图

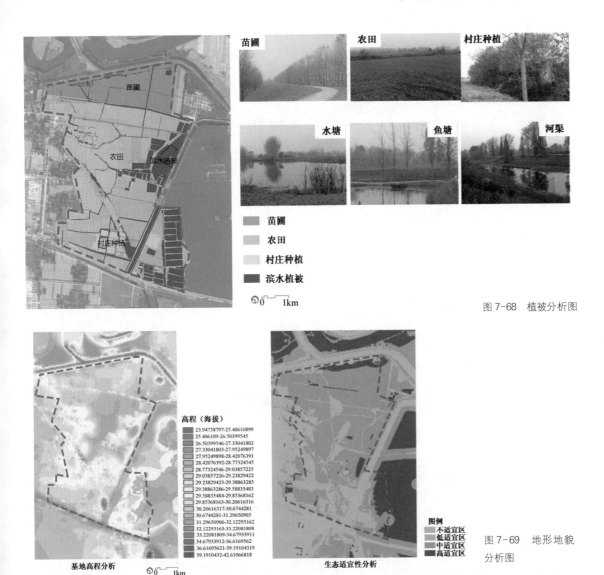

图 7-68　植被分析图

图 7-69　地形地貌
分析图

h. 现状项目分析：项目分布集中，养殖区以观赏鱼交易为主、渔业村以养殖为主、畅耕园以采摘为主。园区规划立足高效养殖基础、增设游乐项目、配套服务组团（图 7-71）。

i. 综合评价

优势：独特的区位优势，区域观赏鱼产业基础较好，基地内有一定的养殖基础，生态环境较好。

劣势：地块周边建设还未成熟，高铁噪音及地块分割产生不良影响，平坦地势的空间营造难以丰富，基地以农田及鱼塘为主，缺少独特性景观。

机遇：政策推动，区域快速发展，观赏鱼设施养殖产业正兴，农业旅游产业兴起发展，基地区域为未来城市发展第三产业重心。

挑战：基地水域兼具景观、生产等多项功能，水系繁多需细致处理，使该区观赏鱼产业产生全国影响力，并与周边景观资源规划整体协调，园区内生

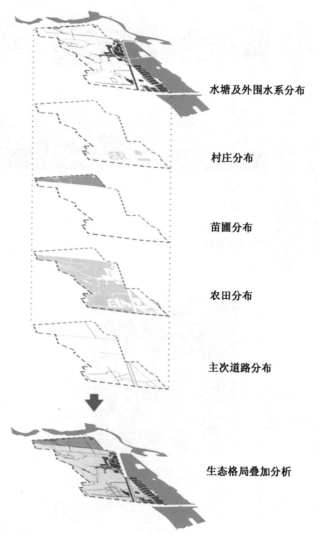

水塘及外围水系分布

村庄分布

苗圃分布

农田分布

主次道路分布

生态格局叠加分析

图7-70 生态格局
分析图

产发展与景观建设相协调。

（3）产业分析

① 阜阳休闲农业项目分析。农业观光园周边情况调查结果显示，设计场地方圆80 km范围内，分布着一些生态园、观光采摘园、休闲农庄等休闲农业项目（表7-1）。分析结果发现，该区域农业主题突出、项目设置丰富；游客参与度高、游戏项目吸引人气；以垂钓、采摘项目占主导，水上游乐、动植物观赏为主要形式，依园区特色设置新奇项目。

② 研究总结。结合调查结果，分析出该园区发展要点。

a. 以观赏鱼养殖为特色产业，形成产业＋的发展模式；

b. 主题活动围绕观赏鱼展开，规避同类型观光园中同质化项目；

c. 对接周边旅游资源，发挥项目区位及生态环境优势；

d. 适当体现传统渔业特色，作为观赏鱼产业的补充。

图 7-71　现状项目
分析图

（4）规划定位

① 规划原则。

a. 突出园区特色：从园区的主打产业出发，挖掘自身经营特色，规划特色鲜明、主题突出的活动项目，形成自己的品牌。

b. 结合区域环境：结合园区所在的地理位置，将具有地域特色的风格融入园区项目策划中，打造具有地域特征的观光园形象。

c. 把握市场动态：在进行充分的市场分析和资源分析基础上，通过一定的挖掘、创新，结合园区的特色景观和生态产业项目展开园区营建。

d. 可持续发展：园区的特色项目表达出对园区的整体认识，具有长期效应。这要求项目在一开始建立时就要有可持续发展的观念，避免经常更换改动、难以使游人产生持久印象。

② 规划目标。

a. 规模定位：园区发展观赏鱼产业及以观赏鱼、传统渔业为核心的旅游业，打造安徽省范围内最专业、最一流的观赏鱼产业示范园。

b. 形象定位：通过景点的差异开发和设施的完善，把颍州观赏鱼产业示范园建设成以观赏鱼为核心吸引元素，以自然和原生态为特色风貌，集先进生产景观、传统农业景观于一体的产业园区。

c. 布局定位："产业优先、科普为辅、游憩结合"逐步落实，形成以中心共享区为主要吸引中心,生产区、苗圃区、民宿村、渔业村各具特色、共同发展,生产基础设施完善和旅游接待水平高的大旅游区格局。

表7-1 设计场地周边休闲农业项目分析

名称	距离(km)	类型	项目设置	特色
泉荷湾生态农业游乐场	12	休闲农庄	水上游乐、骑马	骑马项目
阜阳兆丰葡萄观光采摘园	12	观光采摘园	自采自酿体验,旅游观光,休闲采摘	葡萄采摘项目
阜阳生态园	15	旅游农业区	果树种植、水上游乐、垂钓、动物喂食、文化园、高尔夫球练习、农业科技示范、盆景观赏、热带植物园区游览、恐龙模型观赏、大型游乐设施体验	以生态农业观光为主线的综合类旅游景区
金满地千亩生态采摘园	15	观光采摘园	葡萄、樱桃、水蜜桃采摘,葡萄酿酒、垂钓休闲	葡萄采摘项目
纪元农业西湖小院农家乐	17.6	休闲农庄	水果采摘、植树、垂钓、划船、撒网捕鱼	农家餐饮
阜阳碧翠湖生态庄园	25	休闲农庄	养生温泉、动漫水世界、生态餐厅、木屋别墅、农业观光及拓展培训	皖北地区规模最大温泉
阜阳市子胥生态农业现代乡村旅游观光园	25	休闲农庄	瓜果采摘、千米葡萄长廊观赏、田园风情酒店体验、烧烤、垂钓、农耕文化体验	瓜果采摘项目
临泉县桃花岛	25.6	旅游农业区	观光、餐饮	桃花岛牌芦花鸡、鸡蛋
太和县椿樱人家度假村	25.8	休闲农庄	采摘服务、旅游休闲	园林化的环境
临泉县世外桃园农业观光休闲园	32	休闲农庄	商务宾馆休闲、垂钓、水上运动、时令水果采摘、园艺观赏	园艺观赏
八里湖生态农庄	38	休闲农庄	百忆老村庄、农耕文化体验、垂钓、儿童乐园、采摘、百味美食展、古庙会展	采摘
颍上汤池山庄	65	休闲农庄	餐饮、游泳	餐饮
走马岗生态农庄	70	休闲农庄	垂钓、特色农家乐、赛马、烧烤、真人CS、越野赛车、露营、小动物喂食、采摘	采摘
迪沟生态旅游风景区	70	旅游农业区	竹音寺、五百罗汉堂、湿地公园、迪沟生态园	结合佛教文化,综合性的旅游区

d. 功能定位：

"精生产，重生态。"以产业优先、生产为主，通过先进的生产养殖技术精心生产出高品质的观赏鱼和食用鱼，与此同时注重生态，打造环境优美的生产园区。加以蝴蝶等生物的养殖展示，增强西湖湿地景区的活力。

"深休闲，亲膳为。"发展本土渔耕文化，改善现有生态条件，使游客拥有亲耕亲捕亲膳的深度体验，成为"地道"的农民和渔民。

"轻科普，共分享。"发掘观赏鱼和蝴蝶的观赏价值和文化价值，为游客提供寓教于乐的科普体验，分享知识感受愉悦。

"微度假，尚格调。"提供游客度假的配套功能，开展展示阜阳非物质文化遗产和特色产业的活动，使游客充满乡村记忆而又高格调地体验当地风情民俗。

e. 发展定位：旨在打造成国家 AAAA 级景区、安徽省内一流的农业旅游景区、中东部地区知名的观赏鱼生产示范区、全国范围内有影响力的观赏鱼生产销售基地。

(5) 方案设计

① 规划成果。项目总平面图在上述规划构思的指导之下，以现状为依托，以所需功能为依据，得到如图 7-72、7-73 所示的规划成果。

② 功能分区(图 7-74)。

a. 入口区：

大门方案。采用高低起伏的流线型柱阵模拟水纹，气势恢宏，起到导向作用。红色鱼形雕塑的点缀使园区特色一目了然。传统横跨式大门，大气庄重，将现代的钢材、玻璃等建筑元素融入到安徽传统建筑中，将传统与现代元素相融合，既体现了地域特色，又不失时代风采(图 7-75)。

景观大道。水杉树列具有极强的引导性，两侧色彩跳跃的鱼形雕塑也引导着人们前行。迂回的人行小道让游人在绿地中畅游穿行，富有意趣(图 7-76)。

b. 核心共享区：利用原有地形，合理扩展原有水系；增加功能性建筑，游览与科普并重；打造特色园区，体现产业文化；形成适合各年龄阶层的游赏活动(图 7-77、7-78)。

鱼乐馆。具有多种功能，包括水族用品的展示与销售，金鱼、热带鱼的造景展示与全套定制，亲子手工制作区域，饮食休息区域，室外造景展示(图 7-79)。

鱼乐馆内部销售展示区以水族用品及花鸟展销为主，形成以观赏鱼为主题的自助购物区域。亲子手工区开设鱼形相关 DIY 手工制作，增加亲子互动，培养儿童动手能力，激发儿童对水族鱼类的兴趣，对儿童具有很好的吸引力，可有效增加景区的鱼文化氛围。

鱼乐广场。绘制有 3D 鲤鱼戏水图案，配合可参与性喷泉，营造出梦幻的效果。下沉广场可以供游人休息玩耍，更好地亲近水面，观赏景色(图 7-80)。

① 入口大门	⑩ 瓜果长廊	⑲ 培训交流中心	㉘ 蝴蝶馆	㊲ 竞技鱼池
② 景观大道	⑪ 假日农夫园	⑳ 游戏草坪	㉙ 风情花田	㊳ 鱼鹰广场
③ 停车场	⑫ 鱼乐广场	㉑ 儿童戏鱼池	㉚ 北侧入口	㊴ 渔家游廊
④ 休闲服务	⑬ 鱼乐馆(兼游客中心)	㉒ 儿童活动场	㉛ 生产苗圃	㊵ 渔业新村
⑤ 特色民宿	⑭ 休息长廊	㉓ 疏林草坪	㉜ 渔村入口	㊶ 湖心垂钓
⑥ 餐饮会议中心	⑮ 室外观鱼池	㉔ 亲水栈道	㉝ 渔村停车场	㊷ 渔人码头
⑦ 滨水休闲	⑯ 鱼文化科普馆	㉕ 标准化养殖池	㉞ 风情鱼街	
⑧ 生态餐厅	⑰ 密林漫步	㉖ 品种展示棚	㉟ 鱼主题餐厅	
⑨ 蔬菜大棚	⑱ 花溪观鱼	㉗ 二期养殖棚	㊱ 垂钓广场	

图 7-72　总平面图

图 7-73　鸟瞰图

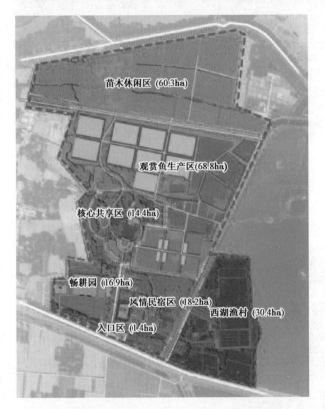

图 7-74　功能分区图

方案一

方案二

图 7-75　大门效果图

图7-76 景观大道
效果图

① 鱼乐馆
② 鱼乐广场
③ 特色休闲廊架
④ 室外观鱼池
⑤ 观赏鱼科普馆
⑥ 密林漫步
⑦ 花溪观鱼
⑧ 培训交流中心
⑨ 林间广场
⑩ 游戏草坪
⑪ 儿童活动场
⑫ 儿童戏鱼池
⑬ 疏林草坪
⑭ 鸽子放飞

图 7-77 核心共享
区分区图

0   200m

图 7-78　核心共享区鸟瞰图

图 7-79　鱼乐馆效果图

图 7-80　鱼乐广场效果图

广场配有别具特色的休息廊架作为游客短暂停留休息的场所,配合特色小品,使整体环境趣味盎然。鱼池沿路临水而设,鱼池之间设小路,方便游人近距离参观产业园内的精良品种。圆形鱼池的灵感来源于鱼卵,象征着孕育和新生命的诞生。

观赏鱼科普馆(博物馆)。观赏鱼科普馆(博物馆)是整个核心共享区的核心建筑,临水而建的科普馆是各种观赏鱼品种展示,普及观赏鱼文化、历史和生物特性的场所,对大众进行观赏鱼知识的科学普及。观赏鱼科普馆面向全市中小学生进行研学教育,使广大中小学生在游览的同时了解观赏鱼知识和文化,丰富自己的社会科学体验。

花溪观鱼。传统式亭榭廊桥临水而建,充满诗情画意。水中锦鲤浮游嬉戏,游人可以观赏投食。

儿童戏鱼池。儿童进行水中活动的区域,增加水上活动器具,形成完整的戏水、捉鱼、戏鱼活动区域。

儿童活动场。此部分主要为儿童设计,在室外配置一些器械,和鱼的主题相呼应,创造游戏环境的同时创造较好的景观体验。

疏林草坪。宽阔的草坪、明媚的阳光、荡漾的湖水以及远处茂密的丛林,成为休闲活动的绝佳场所。本区域作为最大的活动区可以进行多种活动(如家庭野餐、放飞风筝、户外聚会)的开展。

鸽子放飞。在草坪中放置鸽子笼舍饲养鸽子,供游人观赏互动。鸽子可与环境形成良好的映衬,增加环境趣味性。

c. 观赏鱼生产区:规整观赏鱼池,建立标准化生产池;建立养殖单元池,并配置室内精养池;改善养殖环境,增加绿化(图7-81)。

❶标准养殖池
❷品种展示棚
❸管理用房
❹二期观赏鱼大棚

图7-81 观赏鱼生产区平面图

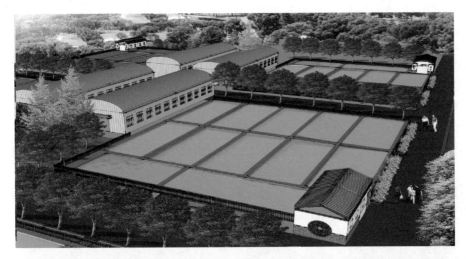

图 7-82　观赏鱼标
准养殖池效果图

图 7-83　品种展示
棚效果图

　　观赏鱼标准养殖池。建立 30 亩为一个单元标准养殖池,划分不同鱼种单元格,配套室内精养池,改善生产环境,形成园林化养殖基地(图 7-82)。

　　品种展示棚。向游人开放的室内精养池,配置绿化改善观赏环境,作为生产基地对游客的展示平台(图 7-83)。

　　d. 畅耕园:扩展农家乐,增加畅耕园生态餐厅;组织采摘及田园体验活动,增加假日农夫园;设置瓜果长廊、田间趣味小品(图 7-84)。

　　畅耕园生态餐厅。畅耕园生态温室餐厅置于大片果园中,让食客拥有生态的用餐环境新体验。餐厅配置停车场,临近采摘园,丰富游客的游赏体验(图 7-85)。

　　假日农夫园。提供农田租赁,开展果园采摘活动,让久居城市的人们拥有一块属于自己的农田,可以参与农耕活动、体验乡村生活。采摘园种植四季瓜果、蔬菜,畅耕园以此可为游客提供各个季节的活动。

① 畅耕园生态餐厅
② 假日农夫园
③ 瓜果长廊
④ 停车场
⑤ 民俗馆
⑥ 田间趣味小品

0　　200m

图7-84　畅耕园分区平面图

图7-85　畅耕园生态餐厅效果图

　　瓜果长廊、趣味小品。特色鲜明的瓜果长廊和田间充满趣味的乡村小品,唤起游客的乡村记忆。

　　e. 苗木休闲区:以树屋为载体,依托苗圃环境的科普展示区,设置亲近自然的室外茶座,并增加林间趣味性小品(图7-86)。

　　北侧入口。北侧入口毗邻泉河农业旅游观光带,大门设计体量适中,以木质为主要材料,体现生态自然的氛围(图7-87)。

　　蝴蝶馆。以蝴蝶为主题,在馆内进行蝴蝶的养殖及蝴蝶知识科普展览,营造蝴蝶翩翩的整体氛围,吸引青少年人群,且能进行相关产业的经营,与西湖风景区湿地公园的规划定位相呼应。蝴蝶馆外布置藤蔓植物花架,花架下及外部平台上设茶座,可让来往的游人停留休憩,感受自然的氛围(图7-88)。

① 北侧入口广场
② 风情花田
③ 蝴蝶馆
④ 苗圃林

0　200m

图7-86　苗木休闲区分区平面图

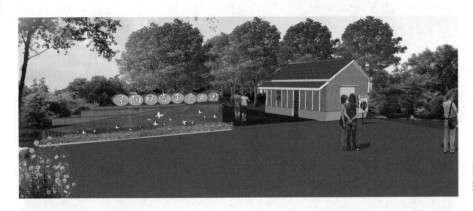

图7-87　北侧入口效果图

图7-88　蝴蝶馆效果图

　　科普树屋。依托苗圃环境建造以鸟类和苗木知识科普为主题的树屋，并适当增加鸟窝等温馨小品，以树屋独特的形象吸引青少年群体，感受大自然的无限趣味。

　　f. 风情民宿区：改造原有房屋，打造别具特色的民宿，体现地方特色与乡村风情。增加配套设施，增强游人的旅游体验（图7-89、7-90）。

　　餐饮会议区。餐饮区以轻量化、本土化为打造目标，主要为在民宿区住宿的游客提供餐饮服务，给予游客全方位的农家体验，也可以作为商业洽谈、

①	休闲服务区
②	特色民宿区
③	餐饮会议区
④	民宿村停车场
⑤	园区停车场
⑥	滨水平台
⑦	林间烧烤

图7-89　风情民宿区
分区平面图

图7-90　风情民宿区
分区鸟瞰图

来访贵宾的会议接待场所。整治滨水区域,打造休闲活动空间,营造自然氛围,体现生态人文气息(图7-91)。

休闲服务区。为旅游度假人群提供公共活动的场所,包括游客服务中心、书吧、酒吧、纪念品售卖点等。

特色民宿区。利用现有住房进行改造,包括原有房屋与院落,保留原有风貌,打造具有简徽派特色的别墅式院落,适合少量散客的接待,风格简约,与环境相互呼应并突出格调。房间内的设施采用现代化,配备齐全。另改造一部分为价格低廉的青年旅社,适合学生群体旅游住宿,有利于增加景区人气。

g. 西湖渔村:扩展中心水面,增设临水节点,提升中心水景景观效果,丰富滨水观景体验;增设鱼市街、渔家风情街、渔街广场等特色节点,促进渔村体验多元化;提供多种垂钓方式,致力打造阜阳知名垂钓之所;渔村环境风貌改造,发展传统渔家乐(图7-92、7-93)。

渔村入口标识提取自徽派建筑元素并与渔村文化相结合,增添现代风格,造型简单大方,很好地体现了地方渔业文化与产业特色(图7-94)。

渔街入口利用渔船与宿根花卉烘托渔村产业文化氛围,并具有导览作用(图7-95)。

风情渔街设置有历史文化馆、渔宅体验DIY、渔具馆、民间收藏馆、渔家茶室、渔家店铺、生鲜超市、书吧。

鱼主题餐厅临水而建,游人可享受渔家菜肴,并可临水观景,体验渔家风情表演。

鱼鹰广场起到水上舞台作用,增加水车、鱼鹰等情景雕塑,水上展示渔家传统活动,渲染文化氛围,并为游客带来身临其境的渔家体验(图7-96)。

渔家记忆标识性节点毗邻渔业新村,烘托场景氛围(图7-97)。

渔业新村通过墙面装饰、景观小品、植物配置等手段提升村庄景观面貌。鼓励发展渔家乐,丰富游客渔家体验,同时促进村民增收(图7-98)。

渔人码头借景颍州西湖风貌,为游客呈现精彩的视觉盛宴。

图7-91　餐饮会议区鸟瞰图

1 西湖渔村入口标识
2 鱼市街
3 渔村停车场
4 渔街入口
5 风情渔街
6 鱼主题餐厅
7 景亭
8 亲水平台
9 鱼鹰广场
10 渔家游廊
11 渔家记忆
12 渔业新村
13 垂钓广场
14 竞技垂钓
15 湖心垂钓
16 渔人码头
17 休闲垂钓平台
18 传统渔家体验

图 7-92 西湖渔村
分区平面图

图 7-93 西湖渔村
分区鸟瞰图

图 7-94　渔村入口
效果图

图 7-95　渔街入口
效果图

图 7-96　鱼鹰广场
效果图

图 7-97 渔家记忆
效果图

图 7-98 渔业新村
效果图

西湖渔村设置国际竞技垂钓塘,根据国际垂钓竞赛标准设有观众区域和多功能的集散广场、主席台、停车场等,可以承办大型垂钓比赛。设置公众垂钓塘、儿童垂钓塘、野钓塘等并配备垂钓服务区等服务设施,为游客提供多样垂钓体验。

(6)专项设计

① 道路系统。一级路采用沥青材质,路宽 4~7 m;二级路采用水泥铺装,路宽 2~3.5 m;三级路采用防腐木、板岩等材质,路宽 1~1.8 m(图 7-99)。

② 水系规划。驳岸处理采用人工式驳岸与自然式驳岸相结合的手法。园区整体水系分区如图 7-100。

③ 植物设计。

a. 核心共享区:基调树选用榉树、广玉兰等乔木,辅以喜树和栾树等乔木,地被植物以红花酢浆草等为主,旨在营造春赏花、夏遮阴、秋观叶、冬暖情的共享区域。

一级路
二级路
三级路
102省道
出入口
规划高铁

0　　　200m

图 7-99　道路系统规划图

0　　　200m

景观水体
观赏鱼生产池(一期)
观赏鱼生产池(二期)
食用鱼生产池

图 7-100　水系规划图

b. 入口区：入口区选择银杏、玉兰等寓意美好的乔木，配置晚樱、红叶石楠，地被植物以野花组合、白三叶为主，打造入口序列性景观，营造明快的入口氛围。

c. 畅耕园：畅耕体验区以瓜果蔬菜种植为主，选择草莓、樱桃、苹果、李子、葡萄等瓜果作物，营造丰产的农产品带；用水稻、向日葵、玉米、花生等经济作物，创造出舒缓宁静的田园风光。

d. 苗木休闲区：种植区采用苗圃＋粗放型地被的模式，上层栽植银杏、栾树等，下层以二月兰、绣球花、石蒜、五叶地锦，打造生产、观赏结合的高效苗圃种植区。

e. 观赏鱼生产区：生产区选择银杏、广玉兰等乔木，配置红叶石楠等灌木，生产区边缘密植冬青等作为区域边界，隔离周边人流，为观赏鱼生产提供良好的绿化环境。

f. 风情民宿区：民宿区植物选择玉兰等植物提高民宿的格调；选用石榴等乡村果树营造农家氛围；选择鼠尾草等趣味花草，营造轻松惬意的休闲氛围。

g. 西湖渔村：保留现有植物，补植榉树、枫香等增添季相变化；配置绣线菊等观花观果植物营造自然风光；临水选植梭鱼草等提升场地的景观功能，营建景观美学的多种体验。

④ 建筑小品设计。

a. 玻璃建筑：鱼乐馆、畅耕园餐厅、观赏鱼博物馆为玻璃建筑，造型大气，适当加入徽派建筑元素，视线通透，内外景观相互借鉴，充满意趣。

b. 简徽式建筑：渔村和民宿均为简徽式建筑。尊重原场地人文特征，建筑外形大气又不失古朴，营造出浓厚的徽式乡村氛围。

c. 传统建筑：亭台廊桥临水而建，营造出古色古香的观鱼氛围，游人行走其中别有一番意趣。

d. 生产建筑：观赏鱼生产区的观赏鱼品种展示棚和管理用房，有效地组织交通和营造景观，方便游客参观。

e. 标识性小品：入口小品组景观和导向性小品，其鲜艳的色彩和别致的造型，展现着园区和每一分区的亮点和特色，烘托主题而又趣味盎然。鱼主题的小品、坐凳、廊架随处可见，处处体现着园区渔文化和特征性设计。（图 7-101）

⑤ 游赏组织（图 7-102、7-103）。

⑥ 产业策划。"一产＋三产"，相互补充，互相服务。以高效生产为核心的农业发展基础、园区特色，以休闲产业为主的消费服务业促进与农业提升。

⑦ 可持续设计。

a. 可渗透性地面材料：地面采用可渗透性材料的处理手法对降水进行区域性的延缓处理，以便补充地下水资源并减轻对下游水位的影响。可渗透的地面设计还可以起到生态过滤的作用，同时收集降水作灌溉之用。

图 7-101　标识性小品效果图

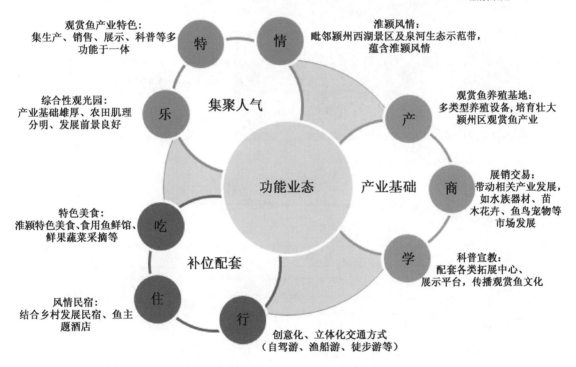

观赏鱼产业特色：
集生产、销售、展示、科普等多功能于一体

淮颍风情：
毗邻颍州西湖景区及泉河生态示范带，蕴含淮颍风情

综合性观光园：
产业基础雄厚、农田肌理分明、发展前景良好

观赏鱼养殖基地：
多类型养殖设备，培育壮大颍州区观赏鱼产业

特色美食：
淮颍特色美食、食用鱼鲜馆、鲜果蔬菜采摘等

展销交易：
带动相关产业发展，如水族器材、苗木花卉、鱼鸟宠物等市场发展

风情民宿：
结合乡村发展民宿、鱼主题酒店

科普宣教：
配套各类拓展中心、展示平台，传播观赏鱼文化

创意化、立体化交通方式
（自驾游、渔船游、徒步游等）

特　情　乐　产　商　学　行　住　吃

集聚人气　功能业态　产业基础　补位配套

图 7-102　游赏组织分析图

　　b. 景观有效用水：景观有效用水的概念，是组合园艺规划、工程和运营方法来大幅减少或摒弃使用饮用水来进行景观灌溉，由此获得所有与节省饮用水有关的环境收益。可以通过雨水存储，以及几乎不需要额外浇水的本地植物和石景达到这一要求；还可以应用高效灌溉技术为植物提供用量准确的水分，通过滴水式地面和地表下灌溉的结合，以及可检测土地何时需要水的湿度传感控制器，大幅减少灌溉用水量，达到传统洒水装置产生的相同效果。

生态旅游线
渔家体验线
观赏鱼产业
交流线

图 7-103　游赏组织
规划图

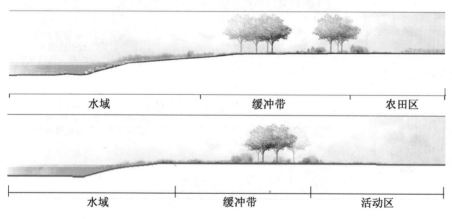

图 7-104　水质净化
缓冲带剖面示意图

　　c. 绿色建材:使用绿色建筑材料可以减少建筑物维护和废弃处置费用、节约能源,有益使用者健康和提高生产力。

　　d. 水质净化缓冲带:由于未来基地内产生的污染物质类型和地块的开发模式具有直接关系,应科学合理进行水质净化设计,减少产生水质问题的风险(图 7-104)。

　　农田区:径流污染中有机物含量较高,适合采用四带模式,即由河道至陆地分别为水生植物带、乔木带、乔灌丛带、草皮。

活动区:适合采用双带模式,即由河道至陆地分别为生长浓密且迅速的草皮、乔灌木带,该结构对拦截水体悬浮颗粒物具有显著作用。

e. 低碳高效池塘循环水养鱼:为解决渔业养殖存在的水环境恶化、水产品质量差、增产增效难等问题,采用先进的低碳高效池塘循环水养鱼技术,组建包括推水池、养殖池、集粪池的流水养殖池。通过气提式推水增氧机、自动集粪装置、流水养殖池底增氧设备,完成流水养殖池中的水流循环与净化,改善渔业养殖环境。

f. 设计循环水系:串联起场地水系,形成完整的循环水系统。创造局部小型湿地,通过植物净化→有机物质净化→污染物质沉淀→水质稳定调节的过程,净化河道水质,提供灌溉、养鱼使用,同时为生物提供栖息地(图7-105)。

现状水系

设计水系

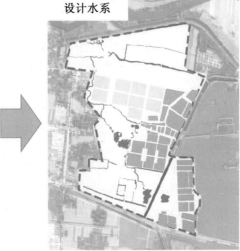

图7-105　水系设计前后对比

2. 镇江翰雅循环生态农园

(1) 项目背景

① 园区区位。

a. 大环境区位分析:镇江是中国江苏省所辖地级市,位于江苏省西南部,是南京都市圈核心城市和国家级苏南现代化建设示范区重要组成部分。丹徒区位于镇江西南部,长江下游南岸,长江和京杭大运河交汇处,东、北分别与扬中、仪征隔江相望,东南邻丹阳,南连金坛,西接句容。

b. 项目区位分析:项目基地园区位于镇江市丹徒区,毗邻扬溧高速、沪宁高速及122省道。交通区位优势十分明显,同时园区周围已建成较多乡道,与周边村落的交通也十分便利(图7-106)。

② 背景分析。

a. 自然概况:

气候。项目气候区属北亚热带南部气候区,具有季风性较明显、过渡突出、变异性显著、温暖湿润、四季分明、热量充裕、雨水丰沛、光照充足、无霜期长等气候特征。

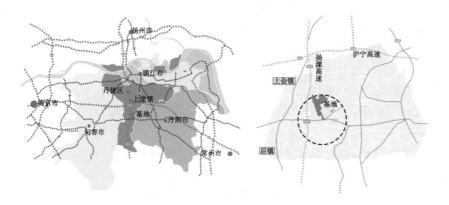

图 7-106   项目区位图

地形地貌。丹徒区全境西南高，东北低。南有茅山余脉，丘陵岗地较多；中为宁镇山脉横贯东西，岗峦向两侧延伸，将地面切割成山、谷、岗、塝、冲各级阶地，北枕长江，沿江圩区坦荡低平；江中还有洲地 3 块。京杭大运河入县境而南去，长江经北侧而东流。形成有山有谷，有丘有圩，有洲有湖的复杂地貌。

生物资源。丹徒区境内树木有松、柏、桑、樟、楸、柳、榆、栎、冬青、香椿、棕榈、枸骨、乌桕、枫杨等 60 余个品种。20 世纪 90 年代初被国家林业局评定为全国宜林荒山和平原绿化双达标县。

b. 文化概况：丹徒是江南闻名古县，建立县制已有 3 000 多年历史。西周时称"宜"，春秋时属吴，名"朱方"，战国时更名为"谷阳"，到秦朝时定名为丹徒，唐高祖武德三年（公元 620 年）复名丹徒至今。境内山清水秀，兼丘陵特色，水乡风光于一体，名胜古迹众多，如国宝宜侯夨簋、高资石雕以及西林寺、古香山寺等。自古以来，丹徒便以人文荟萃而著称，中国第一部诗文总集《昭明文选》、第一部系统的文学理论著作《文心雕龙》，以及《梦溪笔谈》《老残游记》的作者，甚至《康熙字典》的主持编撰俱系丹徒人。

c. 周边产业分析：

区位产业分析。上党镇农业生产以种植业、粮食生产为主，多种经济作物并存，是省内优质茶叶、水稻生产基地。上党镇特色农业有古城"阳光"有机稻米基地、上党镇嘉年华果品基地、敖毅黄桃基地、兴丹生态苗圃、万亩茶园等，以果蔬、茶叶、花卉等为主要特色资源。

基地周边休闲农业发展分析。基地周边 10 km 范围内休闲农业点主要沿国道、省道分布，30 km 范围内休闲农业点较多，分布在句容、丹阳、丹徒地区，部分已发展成为国家 AAA 级旅游景区；主要的发展模式有"农家乐"模式、观光农园模式、村镇旅游模式、民俗风情旅游模式等。

③ 上位规划解读。

a. 项目定位：在已完成的上一轮规划中该园区以生态平衡、低碳零排作为首要规划原则，力图将园区打造成一个优质高档名牌农产品生产基地、生态循环零排放低碳农业模范区、丹徒现代高效循环农业示范园以及镇江南郊养生益寿休闲农业园（图 7-107）。

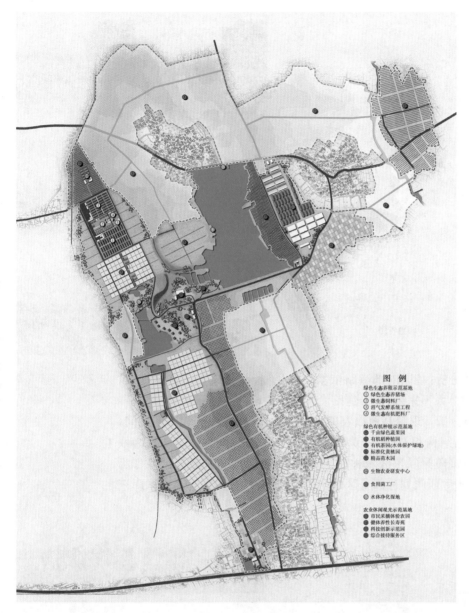

图例

绿色生态养殖示范基地
① 绿色生态养猪场
② 微生态饲料厂
③ 沼气发酵系统工程
④ 微生态有机肥料厂

绿色有机种植示范基地
❶ 千亩绿色蔬果园
❷ 有机稻种植园
❸ 有机茶园(水体保护绿地)
❹ 标准化黄桃园
❺ 精品苗木园

◎ 生物农业研发中心

❄ 食用菌工厂

☆ 水体净化湿地

农业休闲观光示范基地
❶ 市民采摘体验农园
❷ 健体养性长寿苑
❸ 科技创新示范园
❹ 综合接待服务区

图 7-107　上位规划图

　　b. 产业定位：园区产业主要包括循环健康养殖业、绿色有机种植业、新兴生物农业产业、都市休闲服务业四种产业；其中循环健康养殖业作为园区内模式示范与生态循环的重要基础产业。

　　c. 景观定位：结合周围产业项目，通过合理的景观设计手法，展现随季节自然更替的农业大地景观，创建满足游客多种需求的景观空间。

　　（2）场地分析

　　① 交通环境分析。

　　a. 外部交通分析：基地西靠扬溧高速，南临南京至丹阳的 S122 省道，同时基地周围纵横交错着通往附近村落的乡间小路，其中贯通高陵村的村道现为通往基地的主要道路（图 7-108）。

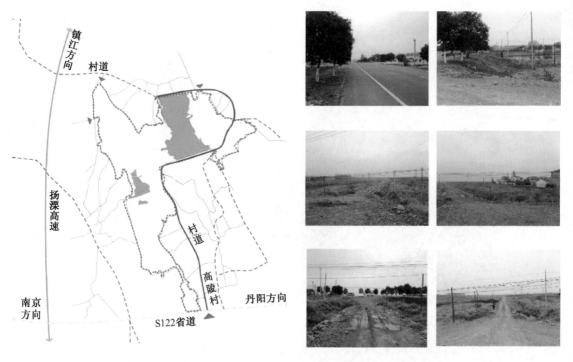

镇江方向

村道

扬溧高速

村道

高陵村

南京
方向

丹阳方向

S122省道

图 7-108　外部交通
分析

b. 内部交通分析：基地内部道路依据上位规划，部分道路已修建完成，但总体来看，道路体系不完善，部分道路设置不合理，有待整理(图 7-109)。

② 用地性质分析。现状基地以农田用地为主，镶嵌在水网和路网之间，环境较好。农产品结构相对单一，为传统种植方式。场地植被资源较为缺乏，除农田外仅在高陵河以东区域种植了黄桃果园，场地北部部分区域作为苗圃用地。在大水库西侧划分部分区域作为生态养殖用地，同时在小水库东

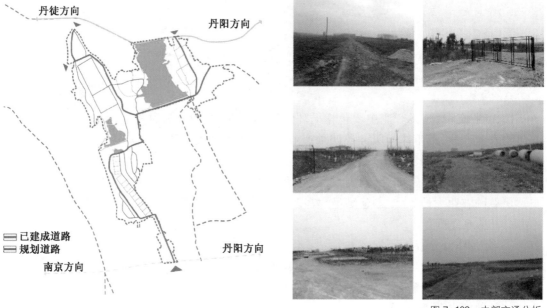

丹徒方向

丹阳方向

南京方向

丹阳方向

▤ 已建成道路
▤ 规划道路

图 7-109　内部交通分析

158

及北侧设置了采摘大棚及办公用房(图 7-110)。

③ 水系及竖向分析。场地现状水系资源十分丰富,水系呈点、线、面形式
布局,线状水系连通文龙水库、合偶水库及散布在场地内的池塘(图 7-111)。

整个场地地形较平坦,从南至北地形逐渐抬高,局部呈缓坡状地形,场地
内原有水渠是全园的制高点,同时靠近水库附近的地势较为低洼。

④ 优势与不足。

优势:

a. 区位优势明显;

b. 区域农业基础较好;

c. 基地自然环境条件优越;

d. 基地产业特色明显。

不足:

a. 地形局部有高差;

b. 部分地区高压电线穿越;

c. 基地产业处于开发初期阶段,景观效果欠佳;

d. 水系、路网需要整理。

(3) 总体规划

① 规划依据。

《中华人民共和国城乡规划法》,2007。

图 7-110　用地分析
(左)

图 7-111　水系分布
图(右)

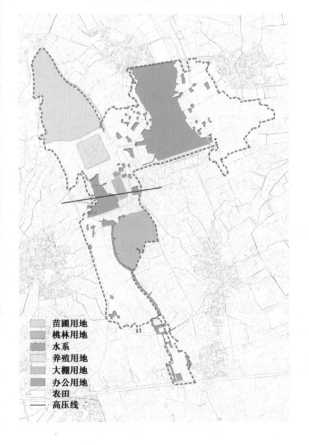

苗圃用地
桃林用地
水系
养殖用地
大棚用地
办公用地
农田
—— 高压线

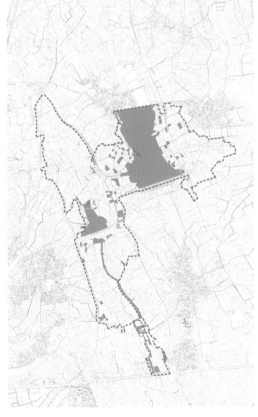

《中华人民共和国土地管理法》,2004。

《中华人民共和国环境保护法》,1989。

《全国生态环境保护纲要》,2000。

《公园设计规范》,2017。

《翰雅生态循环农园建设规划》,2014。

以及甲方提供的相关资料和图纸、现状调查和分析结果。

② 规划原则。

a. 生产性原则:园区以产业发展为主导需求,将景观规划设计与产业发展相结合,在不影响生产发展的前提下,营造优美的景观视觉效果,追求经济效益、生态效益的和谐统一。

b. 生态性原则:规划时以生态优先原则为首要前提,构建科学合理的生态结构,建立"斑块、廊道、基质"的生态体系,形成"大集中,小分散"的生态布局,丰富园区的景观类型。

c. 因地制宜原则:结合现状环境条件,充分利用园区内的水体、农田、桃林等现成景观元素,营造多层次活动空间。在造景的同时,结合原有地形,减少建设土方量,区域地形改造要做到土方平衡。

d. 景观性原则:在造景时依据美学原理,结合游人的景观视线,营造农业园所特有的生产性景观。

e. 特色化原则:根据上位分析,将欧式风情与乡村景观相结合,建设富有特色的农业园景观。

f. 参与性原则:强调游人对活动项目的参与度,使城市游客广泛参与园区生产、生活的方方面面,享受富含乡村意趣的休闲生活。

③ 规划理念。"梦桃源,寻幽—梦之桃园,寻幽之所。"

"梦桃源"理念源自陶渊明的《桃花源记》——"忽逢桃花林,夹岸数百步,中无杂树,芳草鲜美,落英缤纷。"结合场地原有的桃林,旨在表达桃林景观给人们带来的欣喜愉悦之感。"寻幽",通过对地形的处理营造大小不一的空间,旨在体现园内丰富的穿行体验,让游人感受到充满乡村气息的田园景观。

④ 目标定位。结合场地的立地条件和上位规划,园区景观规划的目的在突出翰雅农园现代生物农业生产系统的基础上,通过整合场地的自然地理特征,充分利用地形、水系、灌渠等景观元素,优化道路系统,丰富农园休闲活动功能,提取地中海风情元素,形成具有欧式田园风情的农园景观,使翰雅循环生态农园集产业发展、生态观光、休闲度假等功能于一体。

⑤ 景观风格及风貌形成。

a. 景观风格:景观风格主要表现地中海风格,其景观特色为简单、圆润的线条,色彩的组合与碰撞以及门廊、圆拱和镂空的运用。

该农业园整体景观风格定位为地中海风格,主要有以下几点原因:与农业园同纬度地区主要是地中海区域;场地的原有地形逐步走高,局部高差可形成坡地景观;场地有水库、水塘和水渠,水作为地中海景观风格的重要造景元素,可形成良好的景观效果,与周围农业园的风格形成差异。

b. 风貌形成：

水景。现代的地中海景观，水也是必不可少的要素。对于场地中原有水渠的处理，保留基本水形，局部改动，依据场地的地形高程差，做缓叠水处理。

小品。在大面积的生产性景观或水边布设极具地中海风格的拱形廊架，上面缠绕花藤，形成美丽的植物通廊，供游人观赏抑或长时间停留；周边辅以装饰性的陶罐、陶盆等。

材料运用。主要运用当地石材，如烧结砖和陶土砖，局部点以装饰。

植物。地中海海岸的植物有着丰富亮丽的颜色，因此，在保留大面积生产性景观的前提下，植物配置不仅兼顾亮丽色彩，同时保证一年四季皆有可赏之景。

⑥ 项目策划。

a. 儿童活动内容：阳光沙滩玩乐、攀爬、划船、DIY 手工制作、亲子农庄游乐、科普教育、水车和儿童戏水球玩乐、放风筝、野外拓展活动、认识植物、迷宫探险等。

b. 成年人活动内容：市民菜园体验、垂钓、果园采摘、品茶、烧烤、划船、湿地体验、参观科普展示、骑车、参加篝火晚会、露营、餐饮娱乐、体验水上高尔夫等。

c. 老年人活动内容：养生活动、品茶、垂钓、散步、健身休闲、康体步道体验、湿地体验、棋牌娱乐等。

（4）景观规划

① 总平面图。在上述规划构思的指导之下，以现状为依托，以所需功能为依据，得到如图 7-112 所示的项目总平面图。

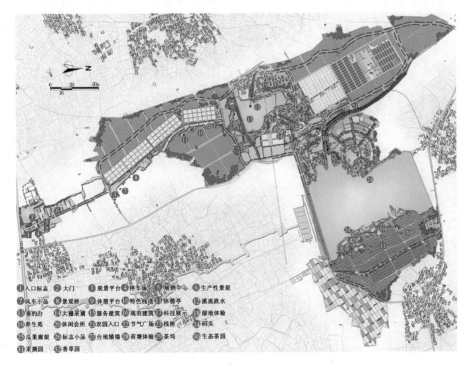

① 入口标志　② 大门　③ 观景平台　④ 停车场　⑤ 展销中心　⑥ 生产性景观
⑦ 风车小品　⑧ 景观桥　⑨ 休憩平台　⑩ 特色栈道　⑪ 休憩亭　⑫ 溪流跌水
⑬ 垂钓台　⑭ 大棚采摘　⑮ 服务建筑　⑯ 现有建筑　⑰ 科技展示　⑱ 湿地体验
⑲ 养生苑　⑳ 休闲会所　㉑ 农田入口　㉒ 节气广场　㉓ 栈桥　㉔ 码头
㉕ 瓜果廊架　㉖ 标志小品　㉗ 台地矮墙　㉘ 荷塘体验　㉙ 茶坞　㉚ 生态茶园
㉛ 采摘园　㉜ 香草园

图 7-112　总平面图

② 景观结构分析。依据上位规划和场地特征,该农园的景观布局形成"一带、两核、三片、七节点"的结构。具体景观系统由"点、线、面"三个层面构成(图7-113)。

"点":主要是指遍布全园的景观节点,分重要节点和一般节点两个层次控制。

"线":主要是指园区道路、水系、灌渠景观。道路景观分主要道路、次要道路和游步道三级。水系景观由水库、跌水和湿地景观构成。灌渠景观是指场地内现存的灌溉高渠,增添了场地的肌理和竖向景观,每条沟渠结合功能进行相应的景观改造,形成场地内独特的风景线。

"面":主要是指每个分区的景观特色营造。如入口景观区是规整、大气的;核心休闲区是自然、生态的;设施农业生产区是精致、简约的;市民农园区质朴、野趣;茶园风情区则是雅趣的。

③ 视线分析(图7-114)

(5) 分区规划

全园区划分为入口景观区、设施农业生产区、核心休闲区、市民农园区、茶园风情区、有机稻田区、循环生物农业生产区(图7-115)。

① 入口景观区。入口景观区紧邻S122省道,占地约4.4 ha。作为整个农业园的门户和窗口,兼具标志性和形象性。设计方案在保留基地原有生产景观的基础上,考虑道路交通等安全问题,局部改造地形,形成入口广场,很好地解决了基地与省道间的3 m高差。入口西侧的水域适当拓宽,不仅有利

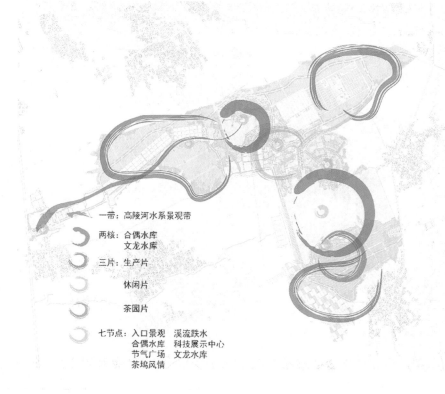

一带:高陵河水系景观带

两核:合偶水库
　　　文龙水库

三片:生产片

　　　休闲片

　　　茶园片

七节点:入口景观　溪流跌水
　　　　合偶水库　科技展示中心
　　　　节气广场　文龙水库
　　　　茶坞风情

图7-113 景观结构分析图

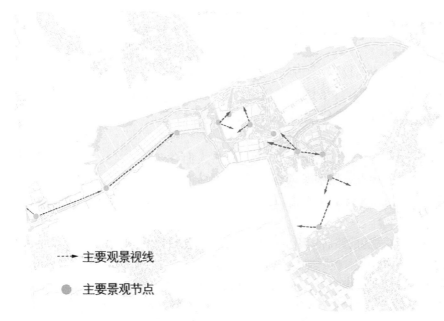

图 7-114　视线分析图

- - - → 主要观景视线

● 主要景观节点

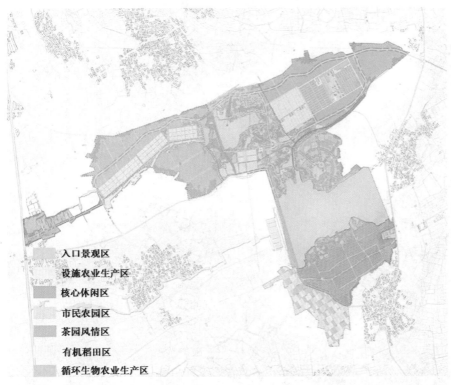

■ 入口景观区
■ 设施农业生产区
■ 核心休闲区
■ 市民农园区
■ 茶园风情区
■ 有机稻田区
■ 循环生物农业生产区

图 7-115　功能分区图

于基地沟渠汇水,而且和塔楼相结合形成良好的景观。考虑到交通安全及景观效果,入口停车场和主体建筑退后布置。建筑风格提取地中海典型景观元素,结合基地的环境和特色,营造出一种简约、大气的地中海风情(图 7-116、7-117)。

入口标识　入口标识布设在 S122 省道与园区主路的相接处,表示整个农业园的门户形象。标识的设计将地中海的主要景观元素轮舵与当地石材相结合，意在使"农业园的门户"在体现地中海风情的同时，寓意翰雅农业成为地区农业的领航手(图 7-118)。

入口建筑　整个农业园的大门设计，考虑到原有场地地形和安全性方面的问题，采取退后 100 m 布置的措施。塔楼和展销中心的设计，将周围民居的坡屋顶与拱形元素进行很好的结合，意在体现与地中海特色的融合(图 7-119)。

观景平台　亲水观景平台位于塔楼的斜前方，为了让游人拥有良好的观景视线和体验而下降 5 级台阶设置。地中海风情的栏杆，红白搭配的休闲座椅，在蓝天碧水的映衬下，让游人忘却都市喧嚣，尽情享受田园风光中的地中海风情(图 7-120)。

入口道路景观　入口道路两旁的路肩采用草花带进行美化，其间列植行道树，不仅对原有场地起到美化的作用，在景观结构上，加强了入口道路的纵深感，并与道路尽头蔬菜大棚处的风车标识有着良好的景观衔接(图 7-121)。

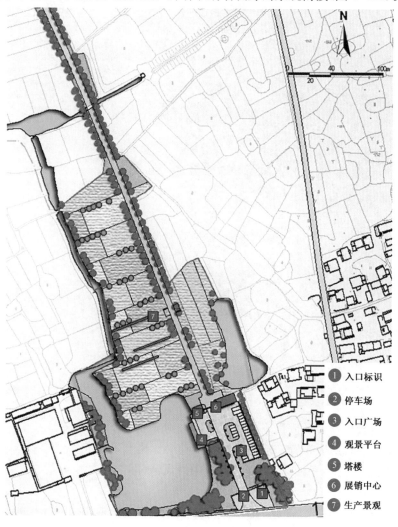

① 入口标识
② 停车场
③ 入口广场
④ 观景平台
⑤ 塔楼
⑥ 展销中心
⑦ 生产景观

图 7-116　入口景观区平面图

图 7-117　入口景观区鸟瞰图

图 7-118　入口标识效果图

图 7-119　入口建筑效果图

图 7-120　观景平台效果图

图 7-121 入口道路
景观效果图

② 设施农业生产区。设施农业生产区位于基地中段,连接入口景观区和核心休闲区,占地面积约 22 ha。以河道周边景观为重点,利用场地原有高差,设置三级跌水景观;充分借用周边桃园景色,结合河道设置风车、地中海风情亭、临水栈道、观景平台等,增加游人的临水景观体验,营造田园中的地中海风情;蔬菜大棚区域利用植物造景,设置二级道路,满足生产服务需求(图 7-122)。

道路景观　大棚周边为生产性道路,路宽设置为 4 m。路边设置白色围栏,种植藤蔓植物,满足生产服务要求的同时力求与周边欧式地中海田园风格相符。

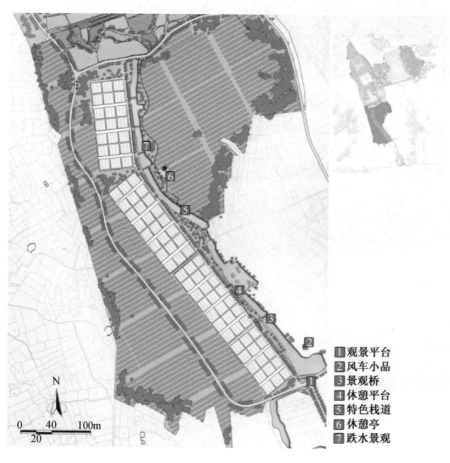

N

0　40　100m
20

1 观景平台
2 风车小品
3 景观桥
4 休憩平台
5 特色栈道
6 休憩亭
7 跌水景观

图 7-122 设施农业
生产区平面图

地中海风情亭　该景点位于河道的东侧香榧种植林中,面向河道和大片林园。为体现地中海风情,亭顶材料采用红砖,柱体采用欧式铁艺装饰。平台上布置陶罐情景小品,四周用矮墙围合,营造出田园淳朴与安逸的感觉,使游人感受欧式田园休闲生活(图7-123)。

出水口景观处理　出水口位于河道的北端,现状景观生硬,效果较差。设计中采用石块伸出墙体形成二级跌水景观处理,用石块装饰坝体,配以植物、陶罐点缀。道路边设置木质栏杆和花槽,在提高安全性的同时营造田园景观效果(图7-124)。

③ 核心休闲区。核心休闲区位于农业园的中心,面积约24.6 ha,是农业园的核心部分,立足于生态效益优先的原则,重点处理好水与场地的关系。在展现自然生态景观的同时,开展不同的游览活动。设置拓展活动、垂钓、大棚采摘、养生休闲、湿地体验、香草园展示等活动类型。依据场地原有地形特点,结合地中海景观元素,设计丰富多彩的穿行体验,利用场地原有的水渠设置特色生态步道,形成人对自然的融入。通过原有的桃树林、增加的香草园、湿地等突出园内的休闲趣味,满足不同人群的需求(图7-125、7-126)。

图7-123　地中海风情亭效果图

图7-124　出水口效果图

1 垂钓台
2 景观亭
3 大棚体验
4 餐饮建筑
5 现有建筑
6 科技展示
7 湿地
8 养生苑
9 水坝
10 特色步道
11 室外拓展
12 香草园
13 会所
14 采摘园

图 7-125 核心休闲区平面图

图 7-126 核心休闲区鸟瞰图

入口　核心景观区入口位于东部，入口处引入地中海风情景观小品，景墙、欧式传达室、岛头景观处理等营造出异国风情，吸引人们的视线（图 7-127、7-128）。

大棚体验　大棚体验片区位于核心休闲区的中心，小水库的东侧，是核心休闲区内重要的活动开展区域,靠近园内餐饮服务建筑和临时办公建筑。大棚对外开放,棚内可以开展各种采摘活动;且大棚紧邻小水库,拥有良好的视觉景观,带给人们丰富愉悦的体验感受。

垂钓台　垂钓是核心休闲区的主要活动内容,为了营造趣味丰富的垂钓体验,垂钓区内设置有不同类型的垂钓台,不同的水塘内有不同种类的鱼,大小不一的垂钓台适合不同的人群使用,大的垂钓台适合开展垂钓比赛等富有趣味的活动。在小水库西岸设置有欧式风情的湖心亭,成为小水库的视觉中心,使人们在垂钓的同时感受地中海风情(图7-129)。

图7-127　核心休闲区入口效果图

图7-128　岛头效果图

图7-129　垂钓台效果图

湿地　湿地体验区位于核心休闲区的北部，植物以水生蔬菜和水生花卉为主，意在打造轻松愉快的户外休闲环境。生态大棚内的废水经过湿地的层层净化流入到小水库内，湿地片区内设置景观小品，景墙设计结合生态科普宣传，彰显农业园的魅力和精彩。

养生苑　养生苑位于核心休闲区的西部，该区域紧邻水库，环境幽静，景色优美，意在打造一处优良的养生养老片区。

香草园　香草园位于核心休闲区的北端，紧靠大坝，是核心休闲区与市民农园的过渡部分。为了营造休闲愉悦的地中海风情体验，引导人们到达市民农园，将此处打造成为核心休闲区的特色亮点。场地的主要节点是生态农业科技展示中心，充分利用原有的水渠打造一条特色生态步道，使人们可以进入市民农园。香草园内设有室外拓展场地、儿童活动设施场地，片区内种植各色香草植物，形成富有异域风情的香草种植园地（图7-130）。

图7-130　香草园风情廊架效果图

会所　会所片区位于核心休闲区的东段，紧邻水库，是一处相对安静的休闲片区，主要提供住宿、会议、培训等功能。会所片区拥有园内最好的景观视线，透过水库可以看到对岸的茶园风情区。欧式风情建筑的会所带给人们不一样的感受。

④市民农园区。市民农园区占地约6 ha，充分利用原有地形设置，菜园在种植方式上采用自然农业技术；在经营模式上采取社区支持农业（CSA）的经营理念，倡导健康、自然的生活方式。同时还推动适用技术研发、亲子活动社区、儿童自然教育、可持续生活倡导等多方面的公益项目，让儿童在自然中成长，以社会综合收益最大化为发展目标；并结合网络在线种植配置市民喜爱的蔬菜，让市民不用出门就可以吃到健康的食品（图7-131、7-132）。

农园入口　市民农园区利用原有水渠结构，充分发挥其景观特色，展现农园入口风采，采用地中海风格门廊及木质构架，结合植物的垂直绿化，配合红枫种植，形成富有特色的农园入口景观（图7-133）。

节气广场　市民农园的中心广场将我国传统的二十四节气融为一体，以春夏秋冬为总纲，以我国传统农历二十四节气为主题，弘扬中华民族的优秀传统文化，并结合农园亲子社区活动，让儿童们认知自然、感受文化。广场周边有疏林草地供人们活动,形成集休闲、健身、授知于一体的市民农园景观节点。

水渠栈道 市民农园区的水渠围合了大部分市民菜园,可俯瞰全园景观,水渠上建有木栈道、观景台、观景亭,是人们亲近自然、眺望周边风光、感

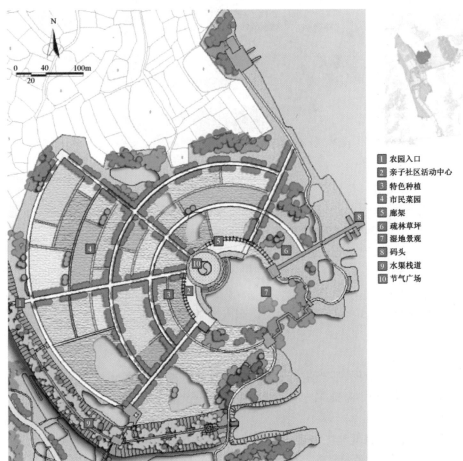

1 农园入口
2 亲子社区活动中心
3 特色种植
4 市民菜园
5 廊架
6 疏林草坪
7 湿地景观
8 码头
9 水渠栈道
10 节气广场

图 7-131 市民农园区平面图

图 7-132 市民农园区鸟瞰图

171

图 7-133　市民农园区入口效果图

受农园风情的好去处(图 7-134)。

⑤ 茶园风情区。茶园风情区位于文龙水库以东区域,面积约为 11 ha。该区立足于现有的立地条件,基于自然生态的原则,以茶园风情为线索,将科普大道和茶文化展现相结合。该区以茶室、码头作为场地中心,重点打造滨水地带景观,设置荷塘体验、特色栈道、台地矮墙等景点,在满足游人赏茶、游览、休憩功能的同时,将场地打造成缓坡茶园与自然生态的滨水区域相结合的景观空间(图 7-135、7-136)。

入口标识　景墙采用自然石块叠落而成,同时适当点缀种植花卉的茶壶容器,结合植物造景的手法,在表现茶园主题的同时,透露出一股地中海风情(图 7-137)。

台地矮墙　结合原有坡地地形,适当进行地形整理,通过植被景观的改造,种植茶树等植物,设置小路、观景平台和挡土墙,打造台地矮墙景观(图 7-138)。

特色栈道　立足现有地形,在低洼区域铺设木质栈道,同时在栈道两旁配置茭白、芡实、莼菜等水生蔬菜,营造自然生态的湿地景观(图 7-139)。

⑥ 循环生物农业生产区。循环生物农业生产区位于农业园最北部,面积 12.4 ha。该区秉承生态循环低碳理念,依托现代微生物工程技术,是绿色生态养殖示范基地。内部主要以生产性苗木景观为主,是园区重要的技术示

图 7-134　水渠栈道效果图

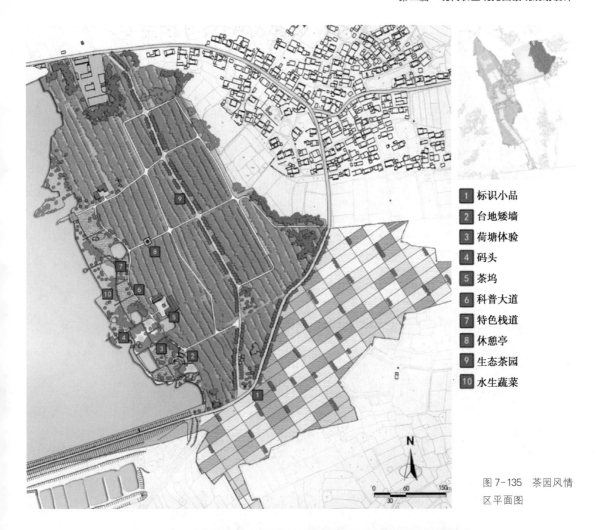

标识小品
台地矮墙
荷塘体验
码头
茶坞
科普大道
特色栈道
休憩亭
生态茶园
水生蔬菜

图 7-135　茶园风情区平面图

图 7-136　茶园风情区鸟瞰图

范和产业特色突出区(图 7-140、7-141)。

⑦ 有机稻田区。有机稻田区位于园区东侧、文龙水库西南部,面积约 10 ha。该区遵循自然规律和生态学原理,严格执行有机食品生产标准,结合稻鸭、稻鱼共作模式,生产以富硒水稻为主的有机功能性农产品,进行有机认

图 7-137　茶园风情区入口效果图

图 7-138　台地矮墙效果图

图 7-139　特色栈道效果图

证,延伸加工产业链,打造品牌,同时形成生产性景观,供游客观赏。

（6）专项规划

① 道路系统规划。一级道路宽度为 6 m,铺装材料主要为黑色沥青,联通城市道路和基地园区,考虑生产、消防以及游览需求。

二级道路宽度为 3~4 m,铺装材料选择碎石、压花混凝土等。承载园区游览、物流等功能,是串联各片区景点的主要交通道路。

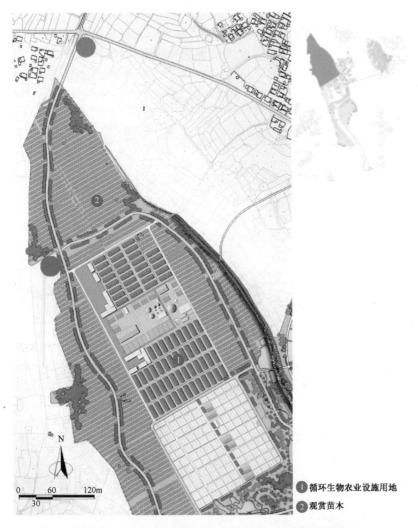

① 循环生物农业设施用地
② 观赏苗木

图7-140 循环生物
农业生产区平面图

图7-141 循环生物
农业生产区道路效
果图

三级道路宽度为1～2 m,铺装材料融入地中海特色元素,选用地砖、砾石、碎石、弹石、压花混凝土等。以传统的园路设计为主体,利用竖向高差变化设置特色游览步道,登上水渠或深入河池林田,引导人们观光和游览,领略地中海式田园风情(图7-142)。

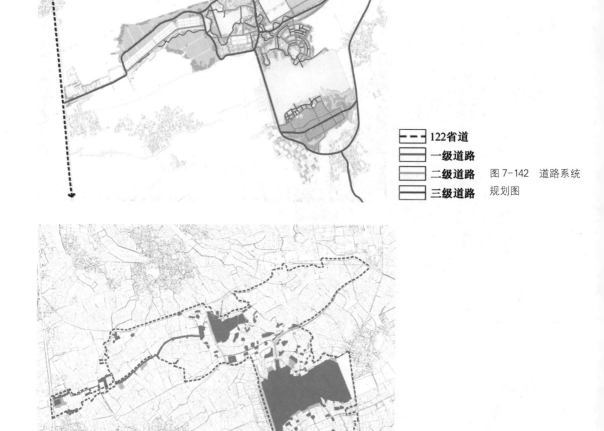

🔳 ⟍ 122省道
⬛ 一级道路
▥ 二级道路
▥ 三级道路

图7-142 道路系统规划图

🔳 新增水系
⬛ 已有水系

图7-143 水系规划图

② 水系及竖向景观规划(图7-143)。

水系设计遵照以下原则:

a. 保持原有水系,适当填挖水塘,满足使用及造景需求。

b. 重点梳理好入口水系与高陵河水系联系问题,打造出颇具特色的水景风景线。

　　c. 充分利用场地已有的大小水库,适当梳理,围绕其进行景观空间的营造。

　　竖向设计遵照以下原则:

　　a. 保持原有地形,利用原有道路基底,减少土方量,保证路基稳定。

　　b. 重点处理好入口与省道之间的高差问题。

　　c. 充分利用场地遗留的水渠高差,营造特色的景观效果(图7-144)。

　　③ 绿化景观规划。

　　a. 规划原则:充分考虑到植物的生物学特性,适地适树;根据园区的基地环境(如光照、水分等)选择适宜植物;结合规划区块的各主要景点进行建设,对主要游览道路两侧、重点景点周围以及特殊地段进行重点规划,形成季相变化丰富、景观形象独特的植物景观。

　　b. 主园区绿化规划:

　　园区基调树种。常绿乔木和落叶乔木相结合,主要选择香樟、银杏、栾树、枫香、二乔玉兰。

　　丰富树种选择,创造四季景观。春花(桃花、玉兰、丁香)、夏荫(广玉兰、五角枫)、秋叶(枫香、鸡爪槭)、冬青(香樟、桂花、红叶石楠)。

　　c. 各分区基调树种规划:

　　入口景观区。香樟、银杏、垂丝海棠、红枫、大叶黄杨。

　　设施农业生产区。香樟、栾树、桃树、海桐、红叶石楠。

　　核心休闲区。悬铃木、水杉、青枫、紫薇、桂花。

　　市民农园区。香樟、核桃、红枫、桂花、小叶女贞。

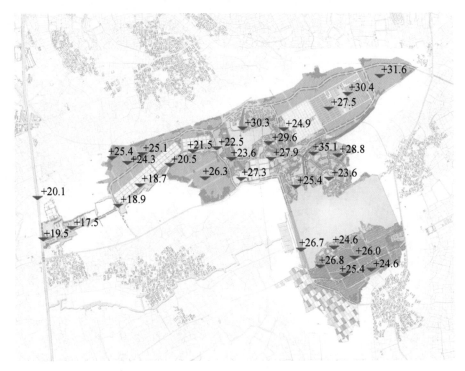

图 7-144　竖向设计图

茶园风情区。湿地松、大叶女贞、乌桕、梅、紫薇。

循环生物农业生产区。银杏、栾树、樱花、红叶石楠。

④ 服务设施规划(图 7-145)。

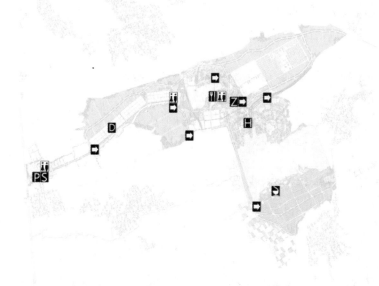

D 大棚
P 停车场
H 会所
Z 展览馆
S 购物
➡ 指示牌
➡ 茶室
♉ 餐饮
♊ 厕所

图 7-145 服务设施
规划图

第三篇
田园综合体中的农业景观规划设计

本篇从田园综合体的内涵入手,解析田园综合体的景观构成和发展模式,结合实际案例调研和实践项目分析,归纳田园综合体中农业景观设计的理论要点。

第一章
田园综合体概述

一、田园综合体的内涵

2017年中央一号文件中第一次提出"田园综合体"概念。文件指出支持有条件的乡村建设以农民合作社为主要载体,以农民为参与和受益主体,集循环农业、创意农业和农事体验于一体的田园综合体。田园综合体虽是一个新的名词,其内涵却是原有生态休闲农业的延伸,可以说与原有的农业综合体概念是一脉相承的,是休闲农园、美丽乡村、特色小镇的升级版。

首先,与以往的休闲农业园、美丽乡村不同的是,田园综合体不仅仅是发展农业和旅游业,更多的是综合化发展产业,将农业与产品加工、文旅度假深度结合,进一步提高农产品的附加价值和品牌效应。在田园综合体中既进行传统的农业生产,也开展旅游和度假活动;农产品可以在景区内直接售卖,更可以通过生产加工后售卖,提升附加值;发展旅游业,也为大量的本地居民提供就业岗位,吸引务工人员回流。在田园综合体内首次加入了田园生活的部分,支持有条件的乡村通过土地整理和房屋租赁的形式,利用建设用地开发康养度假项目,打造"度假游"而非"一日游"。

其次,田园综合体以其特殊的融资方式,解决了现代农业发展、美丽乡村和社区建设中的资金来源问题。农业项目的建设根本目的还在于促进农村经济的发展,撬动各方资本为农村发展进行投资。政府撬动资金、企业是投资主体、银行放贷融资、农民以土地产权入股等,形成田园综合体开发的"资本综合体"。整合社会资金、激发市场活力的同时,田园综合体始终坚持农民合作社为主体,防止农村资产被侵占。

最后,以往的农业园开发多是私营企业主的个体行为,盈利归企业所有,农民以被雇佣的形式参与到农业园的管理中,收入微薄。田园综合体的开发以政府为主导,以农民合作社为主体,根本目的是使农民受益。农民通过土地、房屋产权入股获得收入,也可以被雇佣成为维护管理人员,除此之外还可以继续农业生产或是参与农产品加工,多渠道受益。与此同时,田园综合体的开发带动了地方发展,改善农民的居住环境,改善了交通状况和基础设施条件,保证了地方传统文化的延续,给农民带来实实在在的好处。

综上,田园综合体可以概括为"农业+文旅+田园社区"的乡村综合发展模式。

二、田园综合体的发展概况

改革开放以来,国家经济飞速发展,国民生活水平得到显著提升,但同时,城乡发展不均衡的矛盾也越发突出。城乡矛盾的产生不仅包括经济体制和政策方面的原因,还包括农业本身的诸多因素。为解决城乡矛盾,改变城乡的二元经济结构,使城乡一体化发展,缩小城乡收入差距,国家大力发展现代农业,推动农村的产业升级,以旅游业带动农村经济活力,通过农业与二、三产业的结合使农业附加值不断增大,以此实现城乡人员互动交流,缩小城乡间的差距。

2012 年,田园东方创始人兼 CEO 张诚,集多年城市综合体和文旅产业开发运营经验,结合北大光华 EMBA 课题,发表了论文《田园综合体模式研究》,并在无锡阳山落地实施了第一个田园综合体项目——无锡田园东方,但在当时知名度较低,影响力度较小,并未在全国范围内大力推广。随着我国经济发展进入新常态,国家开始逐步实施新型城镇化、生态文明建设、供给侧结构性改革等一系列战略举措,到 2017 年 2 月 5 日,在中共中央、国务院公开发布的《关于深入推进农业供给侧结构性改革,加快培育农业农村发展新动能的若干意见》中首次提出"田园综合体"的概念,作为乡村新兴产业发展的亮点措施,这一模式才被大家熟知。

自文件颁布以来,财政部、农发办等多个部门相继出台政策响应国家号召,全国各省(直辖市、自治区)也积极响应国家田园综合体建设,在全国范围内开展田园综合体项目的申报、创建工作,积极探索和推进田园综合体发展模式的开发和实施,田园综合体快速成为业内及各界投资人士的热点话题。截止到 2017 年 10 月底,已知的国家评议决定的田园综合体项目为 26 个,省级评议决定的田园综合体为 10 个,包括广东、浙江、江苏、甘肃、内蒙古、河北、河南、山东、山西、四川等 19 个省在内的多个地区。根据以往的乡村建设实践经验我们可以发现,国内发展较好、规模较成熟的综合体项目大多集中于自然资源条件优越、经济条件发展较好的省(直辖市),包括江苏、浙江、湖南、湖北、四川、重庆、台湾等地区,这些地区也正在积极地进一步打造田园综合体项目。例如,成都多利农庄围绕打造国际乡村旅游度假目的地,在郫都区红光镇、三道堰镇等 6 村连片规划建设多利有机小镇。计划总投资 150 亿元,总共占地 2 700 多亩,其中农业用地 1 950 亩。项目优质的生态资源在成都近郊中极具竞争力,具有集优质有机蔬菜种植、美丽乡村建设、国家级乡村旅游示范区打造为一体的潜力和优势。河北省打造的第一个大型农业综合经济体项目——南和农业嘉年华,位于贾宋镇,总投资 3 亿元,展览馆建设连栋温室。创意风情馆是该农业嘉年华核心部分,占地 99 亩,建设连栋温室 4.1 万 m²,设置了疏朗星空、畿南粮仓、本草华堂、童话果园、花样年华、同舟共冀六个嘉年华主题活动场馆,场馆主要以蔬菜、瓜果、花卉、粮食、功能性植物、水科技为元素,展现具有河北地方特色的农艺景观。各地区结合自身经验、特色,田园综合体建设工作如火如荼,展现出一片欣欣向荣的景象。

除此以外,田园东方打造的无锡阳山田园综合体、广东珠海斗门区岭南大地田园综合体、浙江湖州安吉"田园鲁家"田园综合体等,在政府、企业和社会力量的参与下,发展势头迅猛,也取得了较好的成果。有的省份及一、二线城市虽未能列入试点名单,也仍在积极探索田园综合体项目实践,为项目申报做准备,并创建田园综合体建设规范。山东省质监局于2018年4月发布的《田园综合体建设规范》,为国家及其他地区建设田园综合体提供宝贵的借鉴作用。

在田园综合体项目申报、建设过程中,国家对不同级别的田园综合体项目给予政策和资金支持,对于国家级田园综合体每年给予6 000万～8 000万元资金补贴,对于省级田园综合体项目给予3 000万～6 000万元资金补贴,在不违反农村综合改革和国家农业综合开发现行政策的前提下,试点项目资金和项目管理具体政策由地方自行研究确定,鼓励各地结合实际情况先行先试。通过财政资金撬动社会资本,激活农村资本,进行市场化运作,提高田园综合体建设的资金运作效率。

田园综合体自2017年提出以来,两年多时间内各地区大力建设的过程中已形成很多成功经验,但也存在着很多难以避免的问题,例如乡居的产业机会在哪里、如何解决土地流转的难点、投资商如何避免砸盘、政府如何协调各界矛盾等。作为乡村发展的新模式,田园综合体正以其蓬勃的生机不断向前发展,但无论是理论研究还是规划建设都尚处于起始阶段,有待各界人士积极研究和探索。

三、田园综合体的特点与组成

1. 田园综合体的特点

田园综合体的特点可概括为四点,分别是多功能复合、园区化开发、开发主体多样化和注重文化传承。

（1）多功能复合

田园综合体使得农村的单一产业变为二、三产业融合发展,由单一的农产品生产到休闲农业产品的开发,由单纯的农村聚落住宅变为度假休闲场所,功能升级。与此同时,在一定空间范围内,实现农业生产、农产品加工、休闲旅游、度假康养等功能的统一,并且使各个功能互相促进互相依存,形成多功能的田园综合体。其中农业生产是田园综合体的基础功能,也是核心。

（2）园区化开发

要将田园综合体作为一个综合性的农业园区打造,运作复杂。田园综合体考虑多方人群的需求,包括原住民的生活空间和收入来源、游客的游赏需求和休闲度假需求,投资人群的收益需求等。综合体要有完善的水利电力设施、内外交通条件,要有旅游的核心竞争力和可开发的潜力,综合考虑产业如何运作、景观怎样打造、项目的运营模式、产品的关联度、品牌形象的打造等。

（3）开发主体多样化

田园综合体主张的开发方式是企业参与，政府支持，合作社占主体地位的多方共建。一方面，田园综合体的开发与农民进行合作，使农民参与到田园综合体的建设中，享受乡村发展的红利。另一方面，田园综合体作为一个"旅游产品"，满足原住民、新住民和游客等的多方需求。

（4）注重文化传承

田园综合体注重对乡村文化、农耕文化资源的挖掘和宣传，多角度、全方位、深层次地对农业资源进行开发，打造集循环农业、创意农业于一体的新型农业产业，使园区的休闲生活从单一化向农业、文化、旅游结合的多功能方向发展。田园综合体的开发建设结合一、二、三产业融合发展，将休养度假、文旅生活有机结合起来，从而达到延伸传统农业产业链，使传统农业成为具有现代意义的农旅产品，助推田园综合体的发展。

2. 田园综合体的组成

田园综合体是一个内容庞杂的实体园区，其不仅由客观实在的物质组成，还包括运营、发展、服务等方面的商业运作。通过查阅的大量资料，结合实践与理论理解，我们将田园综合体的组成概括为四个部分：景观核心、产业运作、园区运营和服务体系。

（1）景观核心

景观核心是指田园综合体的整体景观打造，是田园综合体的物质载体，也是吸引人流、提升土地价值的关键。可以将田园综合体的景观核心分解为农业生产景观、休闲集聚景观、居住发展景观、社区配套网四个层面。

（2）产业运作

田园综合体的特色是产业的融合发展，在产业运作时应遵循突出特色的原则，围绕田园综合体的性质和基地本身的特色，优化传统主导产业，打造产业集群。发展创意农业，参考国内外的优秀创意农业案例，推进农业与旅游、教育、文化、度假等产业深度融合。打造品牌，提升园区的人气；标准化管理，推进物流服务产业的发展，将产业的辐射范围扩大到全国。

（3）园区运营

园区的运营由企业主导，应妥善处理好政府、企业和农民三者关系，构建合理的建设运营模式，政府负责政策引导和规划引领，营造利于田园综合体发展的外部环境，企业、村集体组织、农民合作组织发挥在实际运营中的作用，农民则就近就业，得到更多的就业机会。

（4）服务体系

服务体系是田园综合体品质提升的关键，可以分为生产服务体系、网络服务体系、物流服务体系、运营服务体系等。

四、田园综合体的开发模式

在乡村振兴的大背景下,田园综合体作为一种能同时满足三个产业相互渗透的新型组织形式,绝不仅仅是传统意义上的乡村建设,也不是单纯的休闲农业园区建设。作为参与建设和受益的主体,农民是其核心主体。在分析梳理现有的休闲农业、乡村旅游等经典案例后,得出田园综合体开发的六大模式。

1. 片区开发模式

坚持以政府投入为主进行基础设施建设,引导农民根据市场需求结合当地优势,集中连片开发现代观光农业及各种农业休闲观光项目,供城市居民到农业观光园区参观、休闲与娱乐。

该模式主要依托自然优美的乡野风景、舒适怡人的清新环境、独特的地理资源、环保生态的绿色空间,结合田园景观和民俗文化,兴建一些休闲、娱乐设施,为游客提供休憩、度假、娱乐、餐饮、健身等服务。主要类型包括休闲度假村、休闲农庄、乡村酒店等。该模式在全国各地较为常见,如上海市郊区、北京市郊区、南京市郊区基本上都采用该开发模式。

2. 产业带动模式

休闲农园生产特色农产品,形成自己的品牌;然后通过休闲农业这个平台,吸引城市消费者前来购买,从而拉动产业的发展。在这类园区中,游客除了餐饮、旅游,还会带回土特产品。

3. 田园养老模式

随着乡村旅游的火热及我国老龄化情况日益严重,乡村田园养老度假成为一种新的养老模式。乡村田园养老以农业休闲为主体,利用乡村特殊的自然养生条件及富有乡韵、愉悦身心的人文环境,与生态休闲、农业旅游、森林度假等相结合,开创出集田园生态休闲、乡村健康饮食养生、农耕劳作体验、乡村社区生活于一体的新型养老模式。成都幸福公社就是乐享田园度假养老的成功案例。

4. 民俗风情旅游模式

民俗风情旅游模式即以农村风土人情、民俗文化为旅游吸引,充分突出农耕文化、乡土文化和民俗文化特色,开发展示农耕活动、民间技艺、时令民俗、节庆活动、民间歌舞等休闲旅游内容,增加乡村旅游的文化内涵。主要类型有农耕文化型、民俗文化型、乡土文化型、民族文化型。

5. 休闲度假农园模式

随着城市化进程的加快和城市居民生活水平的提高,城市居民已不满足于简单的逛公园休闲方式,而是寻求一些回归自然、返璞归真的生活方式。利用节假日到郊区去体验现代农业的风貌、参与农业劳作和进行垂钓等休闲娱乐之类的现实需求,使得对农业观光和休闲的社会需求日益上升,促使我国众多农业科技园区由单一的生产示范功能,逐渐转变为兼有休闲和观光等多项功能的农业园区。

6. 科普教育模式

农业园主要类型有农业科技教育基地、观光休闲教育基地、少儿教育农业基地、农业博览园等。如农业科技园区作为联结科教单位科研成果与生产实际的重要纽带,为农业科技成果的展示和产业孵化提供了实现的舞台。

目前我国的一些大学或科教单位建立的农业高新技术园区,与国外的农业科技园区模式极为相似,园区的建立为科教单位和入园企业科技产业的"孵化"和"后熟"提供了重要的基础平台,大大促进了农业科技成果的转化和辐射推广。

第二章
田园综合体中的景观营造概述

一、田园综合体中景观营造的必要性与重要性

农业景观是田园综合体的内核,田园综合体的发展依靠农业景观的提升。农业景观涵盖了农园中的一切重要因素:道路设施、农林水利、自然风貌、聚落形态等,这些对于田园综合体建设来说都是必不可少的。没有好的乡村景观,田园综合体就像无根浮萍,既无法吸引投资者,更无法吸引人们前去旅游消费。

景观营造是田园综合体的基底,好的乡村景观是田园综合体的重要基础。景观虽然只是田园综合体的一个部分,但也是最不可或缺的一部分。好的景观意味着良好的交通条件、优越的地理位置、优美的自然环境、精致的设施配置,这些不但是田园综合体的申请条件,更是日后田园综合体发展是否顺利的重要影响因素。

二、田园综合体景观的构成和特点

田园综合体是一种包含产业、休闲、居住、生活、景观、服务等多种功能的有机综合体,各功能区之间相互连接、紧密配合,保证综合体能够平稳运行。打造田园综合体需要从景观吸引核、休闲活动、农业生产、居住发展、社区配套5个层面来规划建设,同样打造田园综合体景观也需要从不同层面着手,主要包括农业生产景观、休闲聚集景观、居住发展景观、社区配套景观四个层面。

1. 田园综合体景观构成

（1）农业生产景观

农业生产是田园综合体发展和运行的支撑和动力,以种植养殖业为基础。农业生产景观包括开展农业生产活动和农产品加工制造的功能区域,以及农业科普示范区、农业科技展示区等,可让游客参与农业生产的全过程,体验其中的乐趣,同时提高人们对农业的理解和认知程度。农业生产景观通常是在土质良好、灌溉排水设施完善、地势较为平坦的地方设置。田园综合体中利用现代科技发展循环农业、创意农业,提高生产效率,可以生产高附加值

产品;利用现代农业的优势,设置农业示范科普的项目,推广新技术、新产品,加深游客对于农业的理解。

（2）休闲聚集景观

为满足游客的各种需求,田园综合体创造了多种休闲空间和活动项目,包括游山、玩水、赏景、观光的休闲体验项目,田园大讲堂、田园生活馆、主题演绎广场等乡村风情场所以及垂钓区等。通过这些功能区域,游客能够深入了解乡村生活空间,享受田园活动带来的乐趣。休闲集聚景观是人工构建的休闲娱乐场所,是各种休闲业态的集聚,类似于城市综合体的概念。休闲集聚景观中主要开展各种乡村风情体验活动,与场地的特色和农业形式息息相关,可相应开展采摘、垂钓、集市购物等丰富的活动。

（3）居住发展景观

居住发展景观是在农村原有的居住环境上,通过完善基础设施,改善居住生活条件,营造传统民居、度假别墅、休闲小木屋等农家风情建筑,形成当地乡村人生活空间、产业工人居住空间、外来游客居住空间这三类人口相对集中的居住生活区域。居住发展景观是乡村的突破性发展,通过度假康养产业的发展,进行村庄建设和商业开发,对整体的聚落形态进行修整,形成新的田园社区。

（4）社区配套景观

社区配套区域是为田园综合体其他功能区域的组织和运行,提供基础保障的综合服务区域,包括为农业、休闲产业、商业、居住等各方面提供配套服务。社区配套景观基本要素包括农业生产领域的技术、物流、电商等,居住生活领域的医疗、康养、商业等,休闲空间领域的教育、活动设施等。这些配套服务要素融合聚集,共同发挥作用,为田园综合体发展成为新型农村社区提供有力支撑,保证综合体的正常运营。

2. 田园综合体景观特点

（1）范围广阔,山水格局良好

田园综合体的性质是集农业生产、休闲农业、创意农业和度假康养于一体的综合性项目,多样的景观体验意味着更广阔的空间,需要有足够的场地容纳村庄、广阔的农田景观、丰富的休闲娱乐活动等。通过对国家试点项目的观察,田园综合体项目的面积都在1万亩以上。一方面,广阔的地域使得景观有更大的发挥空间,可以营造类似大地景观的乡村景观。另一方面,田园综合体一般会选择有较好景观和人文条件的地点,因此基地范围内有良好的山水景观格局,甚至因为山水景观而别具特色,比如广西南宁"美丽南方"综合体项目,因原本的丘陵地势造就了农田景观。

（2）农田景观成为大地景观元素

基于田园综合体广阔的范围,其红线内包含大片的基本农田,这是与美丽乡村、农业园不一样的特质,大片的基本农田给人以开阔疏朗的视觉感受,而农作物的种植本身就带着丰收的含义。这样的农田景观很容易就带有大地景观的美感,在进行景观营造时,通过农田单元色彩的变化、种植作物品种的变换形成不同的肌理,也可以按照某种图案进行种植设计,营造巨大的大地画卷。

(3)融入康养产业、文化教育的聚落景观

田园综合体"农业＋文旅＋田园社区"的发展模式创造性地加入了康养度假的内容,通过土地整理让出一定的建设用地,单独建设度假民宿,或是利用居民的房屋开设民宿,酒店民宿的打造与整体的农村聚落相一致,甚至对聚落景观的特点进行深入挖掘,对整体的景观进行优化,打造具有地方特色的农村聚落景观。

(4)在"三生"理念下的景观打造

"三生"即生产、生活和生态。田园综合体的建设,其根本目的是为了乡村振兴,改善农村人居环境,因此提倡"三生"理念,不因文旅产业的开发而破坏原有的乡村环境和乡村秩序。在景观打造时更加注重景观形式、关注原住民与游客间的融合,注意生态景观的保护性开发。在这种开发理念下,景观褪下以往过多的装饰,以一种朴素的美感展现在游客的面前,同时又带有强烈的乡土风貌和地方特色。

第三章
田园综合体案例调研及分析

目前已有十余个田园综合体通过国家的试点批准。为了对田园综合体视角下的农业景观营造有更加形象直观的了解，以深入研究田园综合体营造策略与营造方法，通过各方面的对比，笔者决定选择无锡阳山田园东方综合体与南京溪田农业园田园综合体进行实地调研（表3-1）。

表3-1　田园综合体调查案例对比

对比条件	无锡阳山田园东方田园综合体	南京溪田农业园田园综合体
区位	无锡阳山镇	南京江宁区横溪街道
项目面积	6 246 亩（一期面积 376 亩）	10 776 亩（一期面积 5 100 亩）
建设状况	一期建设完成	一期建设完成
项目定位	都市田园综合体	生态旅游特色景区
主打特色	阳山水蜜桃，江南田园风光	董永与七仙女的传说，溪田雨花茶
试点状况	非国家试点	第一批国家试点

无锡阳山的田园东方是"田园综合体"一词的起源，"田园综合体"一词由田园东方的创始人张诚提出。2016年9月，中央农办领导一行人来到田园东方调研，2017年初，"田园综合体"一词被写入中央一号文件。南京溪田农业园位于南京市江宁区横溪街道，于2017年8月获批国家级田园综合体试点项目，目前一期建设完成，占地5 100亩。调研内容包括基地外部的环境，基地内部的交通组织、水系组织、功能分区、景观结构、景观小品、景观建筑等。

一、无锡阳山田园东方

1. 项目背景

（1）基地自然条件

基地范围内现状用地类型为农田、水体和建设用地。地势平坦，水系丰沛。土壤主要属于黄泥土，呈中性或弱碱性，适合种植桂花、蜡梅、月季、石榴、海棠、梅花等植物，杜鹃、茶花、栀子花、茉莉花、白兰花、橘子树等喜酸性植物在黄泥土中往往因缺铁而导致黄化病，生长不良。阳山水蜜桃是最大的地域特色。规划区内有多个池塘，池塘间以沟渠相连。

基地地处亚热带季风气候区,春季气候多变,秋季秋高气爽,夏季盛行东南风、炎热多雨,冬季偏北风。基地四季分明,雨水充沛,无霜期长且雨热同季,年平均气温16℃。良好的气候条件使得这里物产丰富,是著名的鱼米之乡。

（2）区位概况

田园东方综合体位于无锡市"水蜜桃之乡"阳山镇的北部,东南部与西南部分别与阳山镇老镇区和新镇区相接,南部为新长铁路,北侧边界紧邻锡溧运河。规划总面积约416.4 ha,即6 246亩,大约为镇区总面积的十分之一（图3-1）。

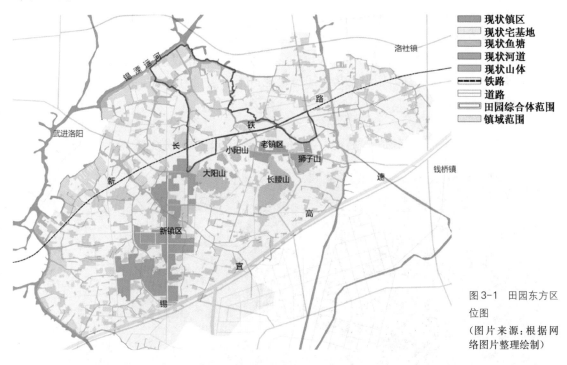

图3-1　田园东方区位图

（图片来源:根据网络图片整理绘制）

（3）开发背景

田园东方的创始人是时任东方园林副总裁的张诚,2012年他发表论文《田园综合体模式研究》,并在东方园林产业集团的资金支持下,于无锡市阳山镇落地实践了第一个田园综合体项目——无锡田园东方。2016年,东方园林产业集团的旅游度假和地产板块重组,成立田园东方投资集团有限公司。

田园东方的开发以新田园主义理论为指导,关注农村本身,运用城市综合体营建中的统一规划、统一建设、统一管理和分散经营的原则,打造"现代农业＋文化旅游＋田园社区"的田园综合体模式。

田园东方项目在建设过程中受到颇多关注,2015年,荣获江苏旅游局颁发的江苏省乡村旅游创新项目,获评无锡海外交流协会活动基地。2016年9月8日,中央农办主任、中央农村工作领导小组副组长、中央财办副主任唐仁健率队就三农问题对田园东方进行调研,对田园东方的建设模式予以肯定。

2. 项目定位

无锡阳山田园东方项目以"美丽乡村"为背景,以"生态农业"为引领,在"三生"理念的指引下,"三产"——农业、加工业、服务业有机结合、关联共生,打造农业生产交易、田园娱乐体验、田园生态享乐居住、乡村旅游休闲度假等复合功能为一体的水蜜桃观光旅游基地。

3. 场地总体规划分析

（1）用地范围

田园东方总体规划面积为6 246亩,目前只开放一期,约为376亩(图3-2)。

（2）用地类型分析

田园东方一期项目的用地类型可分为农田、绿地、道路和建设用地。由图3-3可以看出,一期项目的用地还是农田与绿地占了多数,建设用地主要分布在基地南部。

（3）道路分析

基地道路,北部和东部分别是桃溪路与阳杨路。内部道路可分为三个等

① 主入口
② 东入口
③ 菜地
④ 鹅湖
⑤ 拾房村旧址
⑥ 儿童乐园
⑦ 儿童动物园
⑧ 温泉度假酒店

20 50 100m

图3-2 田园东方一期平面图

绿地
农田
道路
建筑

20 50 100m

图3-3 田园东方一期用地类型图

图 3-4　田园东方一期交通分析图

图 3-5　田园东方三个等级的道路

级,一级道路宽 3 m,可供内部电动车穿行。二级道路是人行路线,是宽度 1.5 m 的小路。三级道路则是以汀步的形式,宽度约为 1 m。一、二、三级道路共同串连起全部的景点(图 3-4、3-5)。

(4) 水系分析

基地内部分布四个较大的池塘,农田周围设置灌溉水渠,从池塘和基地外部的河流引入水源;池塘和水渠互相连接,构成内部水网系统(图 3-6、3-7)。

4. 农业景观分区分析

通过对阳山田园东方项目的实地调研,根据农业景观的特征将田园东方一期的农业景观分为四个区域,即农业生产区、田园居住区、田园生活区和休闲农业区(图 3-8)。

(1) 农业生产区

田园东方项目的农业生产区约占整个一期场地面积的 1/4,分布在场地的西北角和东北角两个区域。由于农业生产区与主要道路(桃溪路)毗邻,景区入口也位于农业生产区内。

农业生产区大片区域种植蔬菜,这些菜地本身有一定的肌理,展示了乡土风貌,同时又作为生产用途,主打绿色无污染种植(图 3-9)。除此之外,设计师也试图在生产区域打造休闲景观,在入园的主要道路边,利用菜园灌溉所必需的沟渠建造栈道,又通过栈道连接几个小广场,形成可游可休憩的空间(图 3-10)。其中有一个小广场用花坛围合,花坛里种植不同品种的蔬菜,适合不同的季节播种,插上介绍的牌子,在景观塑造的同时达到科普的目的(图 3-11)。

图3-6　田园东方一期水系分析图

图3-7　田园东方水渠与池塘

田园居住区
田园生活区
农业生产区
休闲农业区

N
20 50　100m

图3-8　农业景观分区

图3-9　大片的菜地

（2）田园居住区

田园居住区又名蜜桃村，与阳山水蜜桃特色呼应，位于场地的南侧，面积占整个场地的约 1/2。其主要功能是休闲度假，区域内布置度假别墅，分成四个组团。田园居住区是一个相对封闭的区域，有较为明确的边界，南侧边界紧邻外部道路，通过栏杆和绿篱与外界分隔，同时在南侧设置主入口，主入口处设岗亭（图 3-12）；在区域的北侧设置次入口与其他区域连通（图 3-13）。其余边界因在场地内部，通过水渠和绿化进行分隔（图 3-14）。

田园居住区的建筑为新中式风格，是三层楼高的联排别墅形式，每一栋单体建筑可以居住 7～8 户人家（图 3-15）。植物配置较为简单，乔木多为孤植，院落里大量使用竹子和草坪。场地内车行道使用沥青材料，人行道路则铺设青石板路。建筑群有四个组团，每个组团之间开挖水渠并种植水草进行分隔。场地内部有温泉名为桃花泉，部分别墅内部有温泉池。笔者与前来度假的游客交流得知，这里的别墅是对外出售的，购入别墅后，可以采取托管的形式交给物业公司统一管理，对外出租，想入住时通知物业即可。

（3）田园生活区

田园生活区位于项目一期的中心区域，原本是拾房村旧址，设计师通过空间整理最后保留了 10 栋民居，又新建了四栋新式建筑，共同构成田园生活区的建筑群，通过建筑间的间距变化创造变换的空间体验（图 3-16）。田园生活区开设拾房市集、拾房手作、拾房书院、拾房咖啡屋等，给前来游玩的游

图 3-10　栈道与绿荫广场（左上）

图 3-11　蔬菜花坛小广场（右上）

图 3-12　田园居住区南侧主入口（左下）

图 3-13　田园居住区北侧次入口（右下）

图 3-14　水渠和绿化分隔的边界

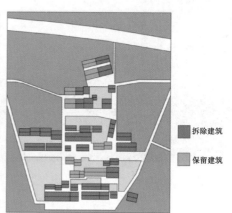

拆除建筑

保留建筑

人提供饮食及游乐的场所;同时设置有田园生活馆,售卖各式创意纪念品。

　　保留的 10 栋拾房村民居按照"修旧如旧"的方式进行修缮和保护,原本村庄内的古井、池塘、树木也得到最大程度的保护,在设计者的眼中这是一个城乡互动的场所,包含各式的创意集市。在景观的打造上,整体呈现精致又不失乡土风韵的村落景观;建筑与建筑之间有空间的开合变化,狭窄处仅设置成道路,宽敞处则通过绿化和矮墙的分隔打造成开敞式的庭院(图 3-17)。

图 3-15　田园居住区建筑(左)

图 3-16　拾房村旧址布局(右)

　　田园生活馆中售卖各式的创意纪念品,种类繁多,主要为手工艺品和农产品加工两大类,手工艺品大多是小摆件和首饰,包括田园东方的吉祥物——蜜桃猪玩偶、挂件和书包等。农产品多是水蜜桃产品,如蜜桃汁、蜜桃

图 3-17　多样的建筑外部空间

干、桃胶等(图 3-18)。田园生活馆中划分出一小片区域供游客进行手作活动。

图 3-18 田园生活馆室内陈设

(4) 休闲农业区

田园东方的休闲农业区主要是亲子项目的打造。分为非动力乐园、小猪快跑动物园和乡村儿童俱乐部三个部分。非动力乐园,顾名思义就是不使用电力(动力)的乐园,设施采用木质材料打造,简单的跷跷板、木质小屋、平衡木、迷你球场、蹦蹦床,就能为孩子创造一片欢乐的天地,也方便了乐园的管理和维护(图 3-19)。在小猪快跑动物园,孩子们可以骑马、喂小猪、看天鹅、挤牛奶、喂鸽子等,乐趣无穷。乡村儿童俱乐部中,孩子们可以比赛射箭、划船、在蜜桃小剧场看动画片等。

因为休闲农业区主要是针对亲子项目打造,景观设置更多考虑儿童的特点。设施涂上鲜艳明亮的色彩,道路的宽度和设施的高度也更偏向孩子的使用习惯,随处可见卡通的蜜桃猪形象,以及卡通版的标志牌,无一不在彰显设计师的用心(图 3-20、3-21)。

5. 农业景观特色营造分析

(1) 乡土材料的成功运用

图 3-19 非动力乐园(左)
图 3-20 色彩鲜艳的小卖部(中)
图 3-21 卡通标志牌(右)

在农业景观的营造中,应当秉持尊重原场地风格、打造乡村特色景观的原则。在景观营建过程中若能够很好地运用乡土材料,则可以为设计增色,更好地突出场地的景观风貌。田园东方综合体项目在乡土材料的运用方面显然是十分成功的。

① 乡土材料在构筑物上的运用。拾房文化市集的建筑周围设置了很多低矮的围墙,这些围墙的材料就是在拾房村部分建筑拆迁时整理出的旧瓦片和旧砖石,通过切割堆砌加以利用。除此之外,还用场地整理时切割下来的

图3-22 乡土材料制作的矮墙、栏杆和标志牌

木材制作标志牌,木枝则做成一些场地的围栏(图3-22)。这样的制作方式虽费时费工,却烘托出这片场地历史的痕迹。

②乡土材料在景观小品上的运用。在场地内处处可见乡土材料制作的景观小品。在拾房文化集市的房前屋后摆放着各式各样的陶罐、磨盘,里面种上植物,自成一景。户外设置石材洗手钵、竹子做成的景观小品、屋内墙上挂的农具装饰等,都体现着对乡土材料的充分利用(图3-23)。

图3-23 洗手钵和陶罐、磨盘等组合成的室外小品

③乡土材料在铺装上的运用。景区的主入口道路是用碎石铺成的,碎石是一种经济方便的铺装材料,体现出场地的乡村风貌。除此之外,内部场地也大量使用碎石进行装饰;部分场地用青石板进行铺设。

(2)统一的形象设计

农业景观的打造不仅仅是要呈现可游可赏的乡村游乐场所,更重要的是要做出自己的特色,最好能够结合本地的生产特色,通过特色打造拉动产品的销售以及旅游业的发展。蜜桃猪是田园东方的吉祥物,从它的名字就可以看出,这只小猪代表着无锡阳山的水蜜桃特色,颜色也是水蜜桃一样的粉红色。蜜桃猪本身的形象非常可爱,在场地中,也处处可以看见蜜桃猪这位"形象代言人"。它出现在田园生活馆的纪念品销售处,卡通形象被做成玩偶、书包、挂件等,吸引着游客购买。在休闲农业区,它出现在标志牌上,也被做成雕塑形象为人们标明场地的用途,于是场地上出现了拉弓射箭的小猪(图3-24)、骑马的小猪、骑车的小猪等。这些形象展示无形中为田园东方吸引了人气,也给来过的游客留下更深刻的印象。

图 3-24　射箭场前的卡通蜜桃猪

6. 案例小结

田园东方项目的农业景观中,田园居住景观是占比很重的一个部分,可以说其他景观基本都是围绕着休闲度假的主题打造的。有益的一方面是,在农业景观的田园社区景观这个类别里,田园东方将景观做得非常精致,也能够给前来度假的游客非常棒的度假体验。随之而来的问题是,这样的一个地产开发模式其实是违背了田园综合体的初衷,在田园综合体的文件中明确说明,不能够利用场地进行地产开发,而应该通过农村的土地整理和租赁的形式开展康养度假活动,以防农民得不到真正的实惠。

在农业生产景观方面,大片的蔬菜地景观效果不错,但其用途主要是自给自足,以及售卖给前来度假的游客,并没有将农业生产与农产品加工结合起来;同时蔬菜地虽有一定的景观效果,却缺乏四季变化,在生产景观方面,具体该种植何种作物,以及种植的方式还有待研究。

二、南京溪田农业园田园综合体

1. 项目背景

（1）自然条件

南京溪田农业园属北热带湿润气候,四季分明,雨水丰沛。年平均降水日达 117 天,平均降水量为 1 106.5 mm,相对湿度 76％,无霜期 237 天。每年 6 月下旬到 7 月上旬为梅雨季节。年平均温度 15.4 ℃,最高气温 39.7 ℃,最低气温－13.1 ℃。

经统计,基地内部有大小池塘18个,彼此不互相连通,其中最大的池塘位于基地的北侧,且水位有高差,具有良好的景观条件。众多的湖泊为农田灌溉提供了良好条件。

基地被高速路分为南北两个部分,北侧地势起伏较大,有两座山名为乔木山和南山;南侧的地形相对平坦,有两座起伏的山丘。基地内分布大片的农田,山上种植茶树,茶园面积达500亩,溪田雨花茶还成了中国森林认证茗茶品牌。

（2）区位概况

南京溪田农业园位于南京市江宁区横溪街道,距南京市区40多km,距南京市中心新街口的直线距离为44 km,车程1.5 h。基地距安徽省马鞍山市的直线距离约18 km。溪田农业园的两小时车程圈不仅包括江苏的地市,还辐射至安徽省的滁州市、马鞍山市和芜湖市等,交通便捷,辐射范围广泛。项目西至泗陇路,南至苏皖交界处,东、北至省道313,省道S38常合高速从项目内部东西向穿行而过(图3-25)。

图3-25　溪田农业园区位图

（3）人文背景

横溪街道西岗社区人文背景有董永和七仙女的传说故事,除此之外,项目内部有一座"饭山",也与七仙女的神话传说有关。

（4）开发背景

溪田农业园是由江宁交建集团、江宁旅游产业集团和横溪街道共同打造的田园综合体项目。项目总共投资6.21亿元,计划通过三年时间全部建设完成。目前已经先行建设了一期,面积为5 100亩。本次调研的范围即一期的建设内容。

2. 项目定位

（1）发展定位

以"全产业、全景观、全过程、全体验、全人群"为指导思想,将溪田打造为基础设施强实、资源配置丰富、农业景观独美、产品配置高端的集现代农业发展示范区、特色田园乡村建设样板区、农民幸福生活宜居区"三区"于一体的田园综合体。

（2）功能定位

生产、生活、科普、休闲度假和养生养老。

（3）产业定位

着眼于农业全产业链发展,产业定位为"有机农作物生产与农业＋文化、农业＋旅游"并重,发展"农业＋N"的综合产业链。

3. 项目总体规划分析

（1）用地范围

溪田农业园的总规划面积10 776亩,分两期建设,一期和二期由常合高速隔开,一期先行建设,面积为5 100亩(图3-26、3-27)。

图3-26　溪田农业园红线范围和一期项目示意图

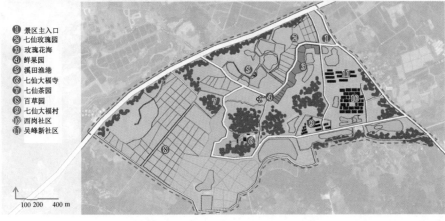

图3-27　溪田农业园项目一期平面图

（2）道路分析

溪田农业园的道路可分为主要道路和次要道路，主要道路供车行，次要道路人行。根据景区宣传手册的标示，还将道路规划分为旅游线和主环线，旅游线也是景区内部电瓶车的行驶路线（图 3-28）。

（3）水系分析

项目一期内部有大小池塘 18 处。项目北侧有一处较大的水体经过景观改造变成了休闲农业项目的所在地，其余地段的池塘则与农田的沟渠相连，作为灌溉的水源（图 3-29）。

4. 农业景观分区分析

通过对溪田农业园的实地调研，按照农业景观的特征将场地划分为农业生产区、田园居住区、休闲农业区（图 3-30）。

图 3-28 溪田农业园项目一期道路分析图及现状照片

图 3-29 溪田农业园项目一期水系分析图及现状照片

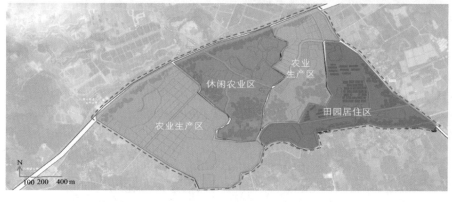

图 3-30 溪田农业园农业景观分区示意图

（1）农业生产区

农业生产区位于一期场地的西侧和中部,占整个一期场地面积的1/2。调研时正值初春,无法判断种植的作物种类,笔者从网络及景区宣传手册上了解到,这部分规划以基本农田作物种植为重点,实行轮作换茬、休耕轮作,配备规模化的现代农业设施,既有旱田作物、也有水田作物。在农业生产区发展设施农业和循环农业,一方面是为田园综合体发展提供了基础产业的支撑,另一方面大片农田景观也给人以视觉享受(图3-31)。

（2）田园居住区

田园居住区内部有7个自然村和1个社区,分别是陶高村、朱高村、龙王村、双槐村、下泗陇村、乔木山村、张家村和吴峰新社区。原住民1 384户,人口4 570人,包含8个农村合作社。七仙大福村被打造为民宿的形式,为游客提供度假休闲体验(图3-32)。

图3-31　溪田农业园的农田

图3-32　溪田农业园居住区

（3）休闲农业区

休闲农业区位于一期场地的中部,约占整个场地面积的1/4,场地包含大片的水域,两座山丘和一小片平坦的地块。主要景观有溪田渔港、茶乐园和七仙大福寺,游赏方式以静态观赏为主。据笔者了解,后期开发会增加更多的玩乐项目,如游船体验、骑行、马术和山地跑车运动等(图3-33)。

5. 农业景观特色营造分析

（1）生态景观的保护性开发

溪田农业园的自然山水条件良好,山峦起伏,水资源丰富,且有大片的平

图3-33 溪田渔港景点和七仙大福寺远景

地可以从事农业生产活动。在溪田农业园的开发过程中,并没有对原有的景观资源条件进行过多的破坏。针对原有农田的土壤板结问题,轮作紫云英和大豆,可以提高土壤的肥力。溪田农业园的溪田渔港景区建设并未对水体原有的驳岸进行改动,而是尽可能保证了原生态;同时也对整体的水源制定保护规划,在划定水源保护地的基础上进行中心水域清淤、两岸驳岸连通开发,延长径流长度。

(2)地域文化的深入挖掘

溪田农业园所在区域有特产溪田雨花茶和七仙女的神话传说。溪田农业园雨花茶申请中国森林认证茗茶品牌,并在游客服务中心开设专门的销售点,同时农业园内建设茶田景观区,供游客在茶香中登山远眺,还可以参与茶叶采摘活动(图3-34)。大福村是七仙女传说的起源地,溪田农业园围绕七仙女的故事营造了很多景观,基本分布在项目二期内,笔者暂时无缘得见,可以从规划图中窥得一二,设置七仙福田、七仙河、相会台、董永坝、董家麦地和仙鹤桥等景点,更像是七仙女主题的农业景观乐园,颇具特色。

图3-34 溪田茶园和雨花茶售卖中心

(3)生产景观带动旅游业发展

生产景观可以说是农业园景观的根本,而生产景观的生产功能是田园综合体产业的根本。田园综合体的开发不仅要充分利用农田进行生产,还应充分考虑审美因素。溪田农业园的整体规划中将生产景观作为景区的景观核心区,建设茶田景观、风吹麦浪景观、流水花溪景观以及玫瑰园、向日葵、紫云英花海景观,形成四季不同的景色。同时开发游乐项目,以采摘类和亲子类的项目为主。

6. 案例小结

溪田农业园目前只进行了一期建设。已完成了基础设施建设,景观方面着重打造了主干道沿线的景点,其余部分地段还未建设完成。通过实地景观调研结合资料查阅,可以看出,溪田农业园开发的重点是农业景观的打造,关注农业生产和农产品衍生产业的发展,大片的农田种植不同品种的作物形成多样的景观变化,同时打造溪田茶景观特色,打造溪田雨花茶品牌。除此之外,溪田农业园致力于挖掘地方文脉,将董永和七仙女的传说融入到景观之中,打造溪田特色,值得借鉴和学习。

第四章
田园综合体中的农业景观营造

一、农业景观与田园综合体的关系

农业景观是指农田、植被、沟渠、聚落等农业物质要素所呈现出的视觉特征和附着于物质要素之上、蕴藏着文化传承与生活方式的人文景观。田园综合体的开发要求有发达的交通、良好的基础设施建设和美丽的自然风光等,这些通常是农业景观所具备的。

1. 良好的景观基底是申报田园综合体的重要条件

在财政部下发的《关于开展田园综合体建设试点工作的通知》中,明确了田园综合体试点的立项条件,共分为功能定位、基础条件、生态环境、政策措施、投融资机制、带动作用和运行管理七个方面,其中有一些内容与农业景观紧密关联。申报田园综合体要求农业基础设施较为完善,产业优势明显,这个是包含在农业服务设施景观中的内容;要求以自然村落、特色片区为开发单元,开发循环农业、创意农业和农事体验,这主要要求有较好的农业生产景观;要求生态环境良好,有绿水青山,说明要有较好的农业景观格局,农业生态景观应表现良好。

2. 农业景观是田园综合体的重要构成部分

田园综合体构成复杂,其运作离不开六大支撑体系,包含生产体系、产业体系、经营体系、生态体系、服务体系和运行体系,六者缺一不可。生产体系是指基础设施内容,包含电信、给排水、游客集散和公共服务等,这些是田园综合体的基础支撑,也是农业服务设施景观的内容。生态体系即绿色发展体系,就是在保护下开发,优化景观资源配置,挖掘景观与生态价值,这个是田园综合体景观的核心内容,即农业生产景观和旅游休闲景观,绿色发展体系是田园综合体的核心体系之一。田园综合体的六大支撑体系中,两项最重要的体系都属于农业景观的范畴,因此,农业景观是田园综合体的重要组成部分。

3. 景观的好坏关乎田园综合体的成败

景观是田园综合体的重要组成部分,它包含了基础设施的建设、生态农业建设、休闲农业建设等,是田园综合体的基础。田园综合体要求立足优势区位条件和历史文化,推动传统优势主导产业,三产融合发展,要求推进农业产业与旅游、教育、文化、康养等产业深度融合,逐渐开发创意农业,发展农业的多样性。这些都要求有好的景观基底,要有良好的生态环境、完善的基础设施和具有一定观赏性和生产优势的农业生产景观,具备了这些基础条件才能够吸引投资,发展旅游,开发教育、康养、文化等产业并与农业景观深度结合,为田园综合体的运行带来真正的产业支撑。

二、田园综合体中农业景观营造原则

田园综合体中农业景观营造主要有以下五个原则。

(1) 因地制宜原则

不同的农业生产区域在多年的农业积累和筛选过程中造就了不同的特色,应在充分考虑当地农业资源条件和社会经济结构等诸多要素的基础上,因地制宜,提出相应符合农业景观发展的营造模式。

(2) 效益兼顾原则

要求把生态效益、经济效益、社会效益放在同等重要的位置上考虑,以经济效益作为突破口,将满足生产作为首要条件和基本目标,农业景观的规划应从挖掘当地资源、市场等方面的优势出发,在追求当前经济效益的同时,必须考虑长远的效益。

(3) 市场需求原则

应充分考虑市场的辐射范围,针对不同人群去选择发展农业休闲旅游和服务业,做到"人无我有、人有我优",提升农业景观的吸引力,从而提高田园综合体的市场竞争为和盈利能力。

(4) 可操作性原则

农业景观的规划不是纸上谈兵,最终都要落到实处,所以必须坚持可操作性原则,即必须实事求是,规划建设的内容符合当前的经济状况和发展水平,充分依据相关规定和基础资料,避免造成项目内容的空泛和难以落实的局面,避免与实际脱节。

(5) 空间融合性原则

在田园综合体中的农业景观不是孤立存在的。首先农业景观是田园综合体的一部分,其次田园综合体更是广袤农村区域的一部分。所以不论从生产空间、生活空间、生态空间、服务空间和基础设施上来说,在规划上都应该通盘考虑整体环境,从景观角度上,保持乡村景观风貌;从社会角度,保证原住民居住的舒适性和心理上的适应性;从经济角度,融合统筹发展才是农业景观发展的正确道路。

三、田园综合体中农业景观营造策略

1. 在保护生态环境的前提下开展景观建设

田园综合体中的农业景观开发是建立在原有的基地条件基础上的,用地性质特别之处在于场地内有大片的生产用地以及未开发的自然山水。田园综合体的开发是要在原场地的基础上对景观进行优化,而不是将原有的场地全部推翻重新建设。从景观生态学的角度说,农业景观是有其自然景观格局的,对农业景观开展建设,应当尽量优化其原本的景观格局,甚至修复被破坏的斑块廊道,扩大景观异质性,使原有的景观生态结构更加稳固。

2. 合理利用生产用地,突出农业景观特色

在田园综合体中的生产用地,除了其本来的生产价值之外,还应当赋予其更多的价值,如美学价值和人文价值。比如河北"花乡果巷"田园综合体,其百果山林的景观特色,不但是田园综合体项目的农业生产基础,果树山林景观本身也是一道靓丽的风景线;部分地块选择种植油用牡丹,更是兼顾了生产和观赏两个方面(图4-1)。

图4-1 河北"花乡果巷"油用牡丹景观(图片来源:http://hebei.sina.com.cn/news/yz/2017-07-12/detail-ifyhwehx5793635.shtml)

3. 利用乡土材料,打造乡土农业特色景观

乡土材料是带有传统的地域特征和文化烙印的,能够反映出当地的自然环境和文化脉络特征,同时还具有经济方便的优点。田园综合体的农业景观打造力求地域文化的传承,因此可以多利用乡土材料进行特色景观的打造。

乡土材料的取材主要包括土材、木材、石材、人工材料等,应用范围也非常广泛,可以作为建筑装饰物、雕塑小品、园路铺装、景观服务设施等。在田园东方田园综合体中,就运用了大量的乡土材料参与建造,特别是在乡村聚落的打造上,对拾房村旧址修旧如旧,并利用拆下来的碎砖瓦片建造低矮的围墙;用原本村民家中的陶罐点缀院墙;就地取材,用当地的石材做坐凳和水池等(图 4-2)。打造出的景观效果带有当地特色,美观又经济。

图 4-2　田园东方汀步和矮墙对乡土材料的利用

4. 挖掘地域文化,注入景观场所之中

地域文化的表达在田园综合体农业景观营造中是尤为重要的,好的地域文化设计可以赋予场地灵魂。地域文化包括当地的自然资源、历史遗迹、生产方式、社会习俗、饮食文化等,在农业休闲景观和农业生产景观中表达较多,其表达方式是多种多样的,可以采用整体借鉴或是要素借鉴的方式将地域文化赋予景观小品之中。比如:直接借鉴,可以在场地上直接放置与农耕有关的景观小品;间接借鉴,则可以提炼地方文化凝聚成符号,印刻在道路铺装或者文化柱上(图 4-3)。或将地域文化的表达与创意农业相结合,摆放、售卖具有地方特色的农产品,如田园东方的吉祥物蜜桃猪和水蜜桃系列伴手礼。也可将地域文化与生产景观结合,在作物的选择上可以选取一些有地方特色的植物。

图 4-3　水车小品和刻有汤山七坊符号的地砖

四、田园综合体中农业景观营造方法

1. 前期调研与基础条件分析

田园综合体选址应考虑各项基础条件,既要考虑交通可达性,又要有较为良好的农业生态环境、良好的旅游资源,充分配置各项农业资源,最大限度创造经济效益、社会效益和生态效益。田园综合体选址主要从区位条件、景观资源条件、产业条件和基础设施条件四个方面考虑。

（1）区位条件

基于农业景观的特征和田园综合体的建设要求,选址地的区位条件是影响田园综合体中农业景观营造的首要因素。选址考虑区位条件主要有三个方面的内容:交通区位、经济区位、资源区位。

① 交通区位。交通区位与田园综合体选址有着最直接的关系,考虑的因素有与周边城镇的距离和交通的可达性。吴必虎对国内城市居民不同出游目的地的到访率调查显示,91%的游客是在以城市为圆心的 15 km 范围内活动,近 60%的游客在距城市 50 km 的范围内活动。所以,就田园综合体选址而言,其主要面向的对象为城市游客,因此与周边城镇距离和交通通达性这两点都需要充分考虑。

② 经济区位。田园综合体所在区位的经济条件,涉及经济基础、经济发展水平以及资金、技术、信息等方面的综合因素。田园综合体是循环农业、创意农业的载体,应当利用其吸引人才、信息和资金的优势,引领和促进农业的发展,提供更多的就业机会,应当选取有较明显的经济区位优势的地段。

③ 资源区位。主要考虑其资源在空间上与邻近区的功能组合结构,即周边(50 km 范围内)无同类型或是相近类型的资源,并且有能够互补的异质性资源,做到不争抢客源、优势互补。

（2）景观资源条件

景观资源条件是指田园综合体中农业景观资源。农业景观资源是景观吸引力的核心,其质量直接影响到旅游吸引力的高低。农业景观资源分为生产景观资源、自然景观资源和人文景观资源三类,与之对应的,产生经济科教价值、美学价值和人文价值等,由这些价值产生旅游价值。因此在开发前期对景观资源条件进行调研是十分有必要的。农业景观资源分类见表 4-1。

（3）产业条件

产业条件包括产业结构和产业组织。产业结构是指产业间的相互关联,即产业之间各种要素的构成和组合方式,是产业之间相互依存、相互制约的关系。

表 4-1　农业景观资源分类表

农业景观资源大类	农业景观资源亚类	包含要素
生产景观资源	聚落景观	传统民居、乡土树种
	农业基础设施	农业贮藏加工、道路、通信、医疗、学校
	农田景观	沟渠、田间道路、大棚、农作物
自然景观资源	水体	河流、护坡、溪流、鱼塘、蓄水池
	地形	山地、丘陵、平原
	气候	清新空气、冰雪景观
人文景观资源	民间艺术	民歌、戏曲、诗歌、文学作品、影视作品
	民俗文化	神话传说、节庆活动、民族服装
	传统技艺	剪纸、农耕、杂耍、武术

在田园综合体规划建设前,应对当地产业发展水平和产业结构充分了解,包括农业与相关二、三产业的发展现状,互相的发展联系,是否受到周边城镇的经济辐射影响。这些信息为后期田园综合体的整体产业规划奠定基础。此外,还应当分析产业相似企业的数量与类型,进行差异化建设,形成互补带动效果。

（4）基础设施条件

基础设施条件包括道路、给排水和供电设施、路灯、标志牌、垃圾桶等。在建设初期,应当对基地的基础设施情况进行充分的调研,以便后期基础设施的完善和改造。

2. 总体定位

因为农业景观的整体定位是受到田园综合体发展定位的影响和控制的,因此农业景观的发展定位也就服从于田园综合体的发展定位。田园综合体的定位是一个综合性的命题,需要在前期充分调研和条件分析的基础上,从几个方面对田园综合体进行总体定位。定位的准确与否会影响田园综合体建设整体的成败。

（1）结合上位规划,从宏观角度把握定位

上位规划是比场地规划高一个层次或两个层次的规划,可能是村庄规划、乡镇总体规划甚至县域总体规划,是总体和局部的关系。上位规划可以帮助设计者从更加宏观的角度对场地进行总体的定位,着眼点更高,考虑因素也更全面。

（2）结合优势资源,打造项目特色

园区资源主要分为农业景观资源、自然景观资源和人文景观资源。从人文景观资源角度来说,挖掘田园综合体场地内现有村庄的历史遗迹、历史建筑、历史人物、特色文化等,以这些为切入点对田园综合体进行定位,有利于特色的展现。

（3）结合产业优势，发展特色产业

产业是田园综合体不断发展的源泉，因此在田园综合体的定位中，产业特色的发展占据重要地位。产业类型可分为特色农产品生产、特色农产品加工、特色餐饮服务、特色农业休闲旅游等，要紧紧抓住园区原有特色，发展特色产业，将产品做大做好，不但追求广度，更追求深度。

3. 功能分区

根据景观特性对景观的不同区域进行划分，在田园综合体的农业景观营造中，通过对农业景观进行功能分区，可以合理配置土地资源，实现对场地资源的管理和优化利用。

农业景观的分区可以参照农业景观的分类方式，但田园综合体中的农业景观还发挥着旅游观光的功能，因此还应当参照旅游景区的功能分区方式。结合二者综合来看，可以将农业景观分为农业生产区、农业观光区、田园居住区和管理服务区等，不同的功能区有着不同的用地要求、构成系统和功能导向，如表4-2所示。

表 4-2　田园综合体中农业景观功能分区

分区名称	规划用地占比（%）	用地要求	构成要素	功能导向
农业生产区	50～60	土壤、气候、水资源、光照等条件良好，排水、灌溉等基础设施良好	农田、果林、大棚、鱼塘	提供农产品，作为农田景观
农业观光区	10～20	有变化的地形，有平坦的场地	动物养殖区、游船和采摘活动区、集市、作坊	提供休闲娱乐场所
田园居住区	20～30	村庄原址，有较便利的内外交通	建筑、道路、水电设施	原住民居住，同时提供度假居住场所
管理服务区	5～10	附属于其他场地	游客服务中心、管理用房	景观的日常维护，景区的日常管理

4. 田园综合体中农业景观分区营造

根据农业景观的功能需求，将农业景观分为农业生产区、农业观光区、田园居住区和管理服务区。本小节的重点是在定位和分区确定后，深入设计，研究每个分区的景观营造方法。

（1）农业生产区

① 农田景观。农田景观是农业景观的最基本要素之一，通常由几种不同作物的斑块镶嵌而成。农业景观的营造要综合考虑农田景观的各要素，在维护农田生物多样性、改善生态环境的同时，也要从美学角度考虑，为人们创

建美丽的休闲活动场所。对于农田景观的打造，可以从农田肌理、农田色彩和农田序列三个方面进行考虑。

　　a. 农田肌理：农业景观的营造首先要关注农田肌理。肌理是指物体表面的纹理结构，高低不平、粗糙或平滑、纵横交错的纹理变化，是构成视觉和触觉形象的基本要素。将肌理的概念运用到农业景观营造中，用不同的材质使农田呈现肌理美感，如田埂、驳岸、岩石、植被、水体等营造农田肌理。比如丽水的梯田景观，在保留农田原有风貌的前提下，运用现代化的景观设计手法，采取筑田岸、铲田坎的古老技术，营造优美的自然景观线条，这些线条乍看似无序，实际又有一种统一的美感（图4-4）。

图 4-4　丽水的梯田景观
（图片来源：http://dp. pconline. com. cn/dphoto/list_3285674. html）

　　b. 农田色彩：农田景观的塑造还要考虑农田的景观色彩（图4-5）。色彩是自然赋予农作物最丰富的表情，不同种类的作物种植会表现出不同的色彩效果，同一种作物的色彩也会跟随季节变化而变化，这样，农田景观便有了不同的美学形象。春意盎然之时，绿色的麦田和稻田，粉红的樱花、桃花；夏季绿意盎然；秋季红黄相接，一派丰收之色；冬季观枝看雪。农田景观的色彩营造应当结合当地的种植特色，同时注意当地土壤、气候的特点，用色彩表达农田景观的特殊风格。

　　c. 农田序列：景观序列有两层含义，一是客体事物的有序排列，是景观空间环境的实体组合，具有时空运动的特点。二是人的游赏心理随着景物的时空变化而产生的瞬时性状态。在农业景观的设计中，也可以通过景观序列的组织来创造丰富的空间体验，呈现出变化的、生动的田园景观。农田的景观序列组织有多种手法，可以通过变化横向空间、变化纵向空间、营造生态序列和景观层次来实现，将不同种类农作物进行有机的排列组合，利用田埂、陡坎、地形、沟渠等要素穿插组合，形成独特的景观秩序和有节奏的空间。田野

图 4-5　农田色彩

间的植被种植、行道树、防护林等又可以起到分隔、透景的作用,使农田景观增加了园林般的意境。

　　② 水网沟渠。水网沟渠一方面是农田灌溉供水的保证,另一方面也是生产景观的一大特色,沟渠纵横本身形成一种肌理。在景观打造时,一方面规划好沟渠的分布,以满足生产,另一方面也可以使用半硬化的方式,种植一些水生植物,使渠沟更加美观(图 4-6)。

图 4-6　水网沟渠

　　(2) 农业观光区

　　① 自然景观。在对自然景观美化过程中,主要考虑驳岸修饰和丰富水景的两个方面。同时,对岸边的道路选线进行适当的修改,以优化可达性。在驳岸改造时,我们必须尊重原有的场地特征,不做重大改变,硬质景观装饰应适当。为了丰富水景的效果,首先应改善水质,消除污染源。通常园区中现有的水产养殖呈传统且单一的生产性景观,缺少优质景观效果,可考虑增加水产养殖先进技术展示,引进水生蔬菜-水上种花-水下养鱼、网箱养殖黄鳝、稻鱼(虾)生态共生技术等,提高水面景观质量,增强景观层次。

　　② 休闲农业景观。休闲农业是以农业活动为基础,农业与旅游业相结合的交叉型产业,休闲农业是独立于传统农业的,可使人们在休闲农业景观

图 4-7　富有特色的
休闲农业景观小品

中得到休闲放松。休闲农业景观传统的休闲方式有农耕体验、垂钓、泛舟、传统工艺制作、健康步道放松、博物馆参观等。在休闲农业景观规划时应注意与原本的场地特征相结合，景观风貌融合而统一（图 4-7）。

③ 创意农业景观。创意农业是指在农产品的生产、加工和销售中引入创造性思维，同时创新农业管理和发展模式，以最大限度地发挥农业的价值和收益。台湾的创意农业在国内外闻名遐迩，在田园综合体创意农业的发展中，我们可以参考台湾的优秀案例。通过总结归纳，创意农业可以分为不同的模式，即农产品加工的创意模式、农产品体验的创意模式和农业节的创意模式。

a. 农产品加工的创意模式：主要表现在第二产业的创新，后续农产品加工融合了文化元素、艺术表现形式和科技手段。例如，台湾高雄香蕉城推出的香蕉蛋糕、香蕉片、香蕉牛奶、香蕉冰淇淋等各种与香蕉有关的产品，作为香蕉城的伴手礼。

b. 农产品体验的创意模式：主要是针对农业观光，考虑农场游客的深度体验，调动游客的"五感"，体验农业特色文化。例如，台湾头城农场设有昆虫教室、体验菜园、体验渔场等。

c. 农业节的创意模式：指在一定时期内组织各种创意活动，打造创意农业景观，以增加知名度、增加人气，创造品牌效应。例如，台北市的竹子湖是海芋的主要生产区，有着"海芋故乡"的美誉，每年的 3 月至 4 月举办"海芋季"，将网络宣传、歌曲与诗歌创作比赛结合起来，同时参与活动的还有其他行业的贸易公司、旅客公司、餐馆和艺术表演队等（图 4-8）。

（3）田园居住区

田园居住区是田园综合体的一大特色，是原住民居住的地方，也是游客前来休闲度假的居所。田园居住区的营造可以分为居所的营造和周边环境的营造，分为空间序列和社区绿化两个方面的内容。

① 空间序列。在田园居住区中，很多建筑都是在既有建筑的基础上进

图 4-8　竹子湖"海芋季"

（图片来源：http://www.callalily.com.tw/index.html）

行改造完善的，应根据原有建筑的破败程度、文化价值、项目定位等进行有侧重的改造或再生，在进行改造时应注意空间序列的营造。

传统的中国乡村有其独特的空间序列，从水系—街道巷道—门前空间，再从门前空间—天井（庭院）—室。这种空间序列特别的地方在于半私密的公共院落是邻里之间的交流空间。这种亲切的人居环境，是城市居住空间所不具备的。与此同时，乡村的空间尺度较小，不适合大量的人流。在改造中，既应该保留这种亲切适宜的空间变化，也要注意适应人流量的变化。

首先，可以适当拆除一些原有的建筑，同时新建部分建筑，通过建筑的围合创造新的景观空间。其次，也可以保留原有的村落布局，通过合理的游线将有效空间串联，大部分建筑仍为原住民居住，小部分建筑改造成度假和商业用途。在无锡田园东方的案例中，设计师保留了 10 栋较完好的建筑，其余建筑全部拆除，保留的这些建筑之间形成了新的景观序列。而在苏州市乡根东林渡度假村则保留了全部的村落建筑，通过游线整理形成了巷道—内院—客厅—外院的景观序列（图 4-9）。

② 社区绿化。小庭院绿化可推行"一户一株"工程，大庭院则可因地制宜，可选择高大遮荫的乡土树种，也可以种植果树、蔬菜，还可以种植花灌木，营造精致的小景观（图 4-10）。

街道绿化则应根据道路宽窄和景观的整体定位选择树种和营造方式，采用乔灌草搭配的种植方式，如核桃树和石榴树同种、苹果树和黄杨树同种，也可果树和月季或草本花卉同种等。

（4）管理服务区

管理服务区为园区提供后勤管理保障。因为管理服务区各个项目的功能不同，分布的位置也不一样，因此这个区不一定是一个集中的区域，可能会被场地划分成好几个地块。具体每个项目的位置选择应当根据实际的功能确定，比如游客服务中心一般是在入口处，而办公管理用房一般位于靠近次入口的地方，景观上较为隐蔽，交通相对便捷。管理服务区的构成要素包括游客服务中心、办公用房、厕所、小卖部等。

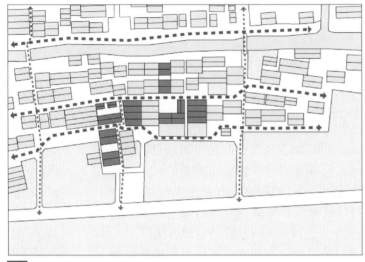

■ 一期改造 ┈┈► 村落交通结构　　　　■ 一期改造　□ 周边建筑

┈┈► 流线　⋅⋅⋅ 广场　● 内院　⋅⋅⋅ 外院

图4-9　东林渡一期项目选址及建筑空间改造

（图片来源：何岸咏.休闲旅游背景下的乡村旧建筑改造研究[D].广州：华南理工大学，2016.）

图4-10　社区绿化

　　① 游客服务中心。田园综合体的游客服务中心是景区给人的第一印象，因此游客服务中心的打造是非常重要的。游客服务中心的选址应考虑与景区的规划布局相适应，一般与景观入口场地相结合，具体设置视项目场地的规模而定。

　　② 办公用房。办公用房是管理人员的工作地点，应当安排在相对不起眼但交通较为便利的位置。建筑的外观形式应当与景区的整体风格统一。

③ 厕所、小卖部。厕所、小卖部的设置主要应考虑其服务半径。

5. 田园综合体中农业景观节点设计

上文分析了田园综合体中农业景观的分区营造,本节重点阐述农业景观中重要节点的细部设计。

(1) 入口景观设计

入口空间是从一个区域到另一个区域的过渡空间,从这个过渡空间可以发生进入或穿过行为,从而进入新的空间区域。入口空间是田园综合体与外部联结的媒介,是景区的门面,因此入口景观的设计是非常重要的。入口空间包含交通集散用地(大广场、道路、停车场)、建筑构筑物(景区大门、游客中心、售票处、商店)和景区内部引导区域(景区导览牌、小广场)等要素。下面从选址布局、空间形态和细部设计三个方面阐述入口景观的设计方法。

① 选址布局。田园综合体的入口数量和入口位置布局应当根据地块功能作用、周边交通环境和接待游客数量来确定,具体可以分为单一出入口、一进一出、一进多出和多个出入口(图4-11)。

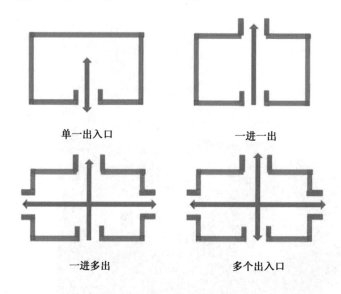

单一出入口　　　　　　　　一进一出

一进多出　　　　　　　　多个出入口

图4-11　田园综合体出入口设置

a. 单一出入口:适合规模较小、周边交通状况简单、游客量不大的田园综合体设置。单一出入口的优点是方便管理,也方便游人寻找。为了与单一出入口配套,综合体内部的主要道路应形成闭合环路,方便游客游览完毕后回到出入口。

b. 一进一出:顾名思义就是从一个入口进入,再从另一个出口出去,不走回头路。这种出入口设置方式多用于地形复杂、游览空间较为狭窄的景区,比如著名景区灵隐寺的出入口及庐山锦绣谷的出入口等,能够更好地保证人流的安全疏散。如果田园综合体设置在地形复杂、道路狭窄的区域,则可以采取一进一出的设置方式。

c. 一进多出:一个主入口和多个出口的组合方式,在田园综合体规模较大且周边与城市道路相邻时,适合采用这种方式进行设置。主入口的设计与其他出口相区别,更加具有标志性。

d. 多个出入口:适合面积较大且景点分布分散的田园综合体,方便游客更快更便捷地到达想去的景观区域。与此同时,多个出入口的设置增加了田园综合体的管理难度,需要增加更多的人力物力。由于田园综合体占地规模较大且内容较多,一般情况下都是设置多个出入口的,比如田园东方共设置了五个出入口。

② 空间形态。根据空间体量的不同将入口空间分为点状、线状和面状空间。

a. 点状空间:适用于整体范围较小且内容较为单一的田园综合体入口设计,这种点状的入口空间场地规模小,包含的元素也较为单一,可由入口广场、大门、售票厅组成。

b. 线性空间:一般适用于地形较特殊的区域,比如山岭类、峡谷类等的入口空间,在田园综合体的景观营造中,当农业生产景观占据大片土地且与主要道路相邻时,为了不破坏农田的肌理,往往采用线性的入口空间。这种入口空间由较长的入园道路组成,可能会设置多个大门,形成景观序列,可以是"入口标志—道路—大门—内部空间"的序列形式,比如溪田农业园(图4-12);也可以是"大门—道路—集散场地—景点"的序列形式,比如田园东方(图4-13)。

图4-12　溪田农业园入口空间序列

c. 面状空间:适用于地形条件和用地性质较为理想且特大型规模的田园综合体。此类的田园综合体入口可以设置较大规模的建筑,甚至可以在入口处形成一条文化街区,作为商业步行街的形式,需要注意的是建筑风格应与田园综合体整体的农业景观特色相符。

图4-13　田园东方入口空间序列

③ 细部设计。农业景观的细部设计主要关注入口建筑设计、入口景观小品设计和停车场设计。

入口建筑是多种功能的结合体,包含大门、售票处、服务中心、厕所、商店等功能。入口空间的建筑布局可采用"一"字型、"L"型和"＝"型等。在风格的处理上也应当与整体环境统一,凸显特色,遵循农业景观朴实自然的特色。

入口景观小品设计代表着田园综合体的形象,是体现田园综合体文化的重要载体,包括景区标志物、服务设施小品、信息设施小品等。这些都是不可或缺的入口景观元素,在设计田园综合体标志物时注意风格统一、色彩鲜明,凸显景区的特色。比如可以将景区的吉祥物做成大型雕塑放置于景区入口处;或者可以结合农业景观特点,做出凸显农业特色的大型标志物,如溪田农业园入口处的景观标志物,其尺度与周边场地相协调,色彩也与绿色的背景相映成趣,活泼鲜明(图4-14)。

图4-14 溪田农业园入口景观标志物

考虑到安全性问题,田园综合体内部是不允许外来车辆通行的,游客在入口的换乘中心换乘电瓶车,停车场设置在综合体的入口处。目前没有出台有关田园综合体停车场设置规范,因此在设计时参考《公园设计规范》和《风景区停车场设计规范》,车位数量指标定为 0.02 个/$100\ m^2$ 游览面积;并且应当根据车位数量设置出入口,车位数超过 50 个时,出入口数量是 2 个及以上;停车场的位置应紧靠道路一边,周围可以种植树木遮荫。在溪田农业园中,停车场结合地形进行设计,形成了较好的景观效果。

(2)滨水景观设计

水体属于农业生态景观(天然水体)和农业生产景观(灌溉沟渠)范畴,根据水面的形态和面积可以将水体分为溪、河、湖、池塘等类型,其中分布最广泛的是池塘,这些池塘是农田灌溉用水的主要来源,也是富有农业景观特色的自然水体。人都有亲水性,因此,在农业景观营造时滨水景观的设计是非常重要的方面。

① 设计原则。

a. 整体性原则：水体的设计应当与周边环境相适应，使其与环境成为一个整体，而不应该脱离开来。

b. 生态性原则：农村的水域空间，特别是线性的河流小溪是乡村生态景观廊道的重要组成部分，在进行景观设计前，必须先了解生态方面的知识，避免过渡的人为干扰对环境造成破坏。对于已经被破坏的水体，运用生态学和景观学的知识进行修复，提高水体的连续性，增加生物多样性，保护农村的生态环境。

c. 文化性原则：水体承载着村庄几代人的乡情，在进行滨水景观设计时，应注意保护滨水景观的文化特色，延续场地文脉，如水体中的老水车、旧篷船，都是记忆的承载。

d. 经济性原则：在进行设计时应考虑建设成本，考虑到农业景观的粗放型管理，应采用经济可行的设计方案，降低养护成本。

② 场地设计。滨水景观的场地设计应当考虑场地的亲水性，同时不同的场地应当有空间的变化，给人以新奇多样的心理感受。

场地的空间类型可分为开敞型、半开敞型、半私密型、私密型等。可通过景观要素的组织营造不同的场地空间类型，如植物、地形、水体、景观构筑物等。滨水景观的开敞空间通常是岸边空间，周边没有植物或地形遮挡，可以设计通过栈道延伸到水体中的亲水平台。半开敞空间和半私密空间的场地都与外界有沟通，只是场地的开敞程度不同，一方面可以通过地形遮挡，比如一侧是山体一侧是开阔水体形成此类空间，另一方面，场地周边用植物进行围合也是有效的设计手段。因水体本身具有开阔的景观特征，私密空间的场地一般远离水体，可以通过构筑物、植物、地形等对场地进行围合。

场地的亲水设计有多种手法。第一，充分利用现有场地条件。在场地本身的驳岸低且开阔、近岸处水浅的情况下，可以设置游步道将人引导至水岸边，水岸边的开阔场地本身就是天然的活动场所。第二，对于驳岸角度较大的情况，进行驳岸断面调整设置场地。例如，可以将驳岸断面调整为台阶的形式，这种形式的采用要求驳岸本身较为开阔。这些台阶既是消化高差的手段，台阶之间的场地也是人们的活动场所。第三，在驳岸不便于进行改造的地方，可以挑出亲水平台。亲水平台一般设置在风景较为开阔的地带，在农业景观中一般是单层设置，以符合乡村的朴素景观环境；也可以设置亲水阶梯，供游人嬉水。

③ 滨水步道设计。滨水步道的形式可以分为水中的步道和岸边设置的步道两种。水中的步道可以以栈道的形式设置，如果水中有原生的堤坝，也可以在堤坝上设置步道，如溪田农业园的溪田渔港景点，就将湖中天然的堤坝打造成了滨水步道，一方面距水的尺度亲近宜人，另一方面也富有自然野趣（图4-15）。而岸边的步道应该根据驳岸的形式来确定，如果驳岸设置二级平台，则步道可以设置在二级平台上。

图 4-15　溪田农业园堤坝滨水步道

（3）建筑设计

田园综合体的创新之处就在于将聚落纳入到规划范围内，发展康养度假产业，即农业景观中的田园居住区。田园居住区内部会建设康养度假类的建筑，也有商店类的建筑，这些建筑一部分是原本的村落建筑改造而来，另一部分则是新建的，不论是原有的建筑还是新建筑，都应当与城市或是风景区的度假建筑有所不同。这里的建筑应当延续原场地风格，具有乡村度假休闲特色。具体设计可以分为空间设计和建筑特色设计。

① 空间设计。建筑空间分为室外空间和室内空间。室外空间是建筑外部人工营造的活动场地，是建筑与外部空间的过渡和连接，主要的表现形式是院落，应当营造亲切宜人的尺度，供人们休息交流。院落可采用开敞、半私密或私密的围合方式，材料上可以选择竹子、瓦片、石材等。开敞的庭院空间中，建筑与建筑之间的分隔界限是模糊的，庭院的概念更多的是建筑前面的一片空场地，可以通过花坛绿化、景观小品和低矮的竹篱营造。半私密的建筑庭院有构筑物进行围合，对庭院和道路进行分割，但内外在景观上是连通的，可以利用竹篱或低矮的围墙，形成透景。私密的建筑庭院则内外有明确的界限，围墙高度隔离人的视线，保持足够的私密效果。

室内空间则应当注意内外部空间的交流。首先，可以将外部空间的一些材料用在室内，比如局部的墙面不做装饰，而采用和外墙同种材料如石头、水泥等，显得更加亲近自然。其次，也可以将外部空间的一些设计手法用在内部的空间设计中，比如在室内设置汀步，营造内外交融的空间感。

② 建筑特色设计。在进行建筑设计时，应当秉持延续场地风格、保留乡土特色的原则。建筑特色的打造也可以分为外立面装饰和室内环境设计两

个部分。

对于建筑外立面的装饰,首先,如果建筑风格与场地风格较为统一且有自身的特色,应当考虑保留原有的建筑特色,修旧如旧,比如徽式建筑的粉墙黛瓦是其最大的特色之一,在进行外立面设计时应当保留其特点,可以对墙面进行粉刷,无需添加多余的装饰。其次,对于一些可以进行改造的建筑外立面,可以使用传统的建筑材料进行装饰,使其特色更为突出。比如后坞不知名民宿外墙采用瓦堆砌,用砖收边,瓦的内侧有混凝土的墙面,瓦只是外表皮;裸心谷夯土小屋新夯土墙体的专业名词叫石迹墙,是在不同高度采用不同配比的石头夯实而成,天然形成了条纹状的墙面肌理。

建筑内部环境设计手法丰富多样。首先,可以将传统生活工具、传统建筑构件作为陈列摆件。其次,可以将旧物改造,如莫干山庚村创意园中,船被改造成书架和花架,门板被做成桌子。最后,可以使用水泥、石材等材料进行墙面装饰,体现自然属性。

6. 田园综合体中农业景观专项设计

田园综合体中农业景观专项设计包括植物种植设计、交通系统规划、标识系统设计和公共服务设施设计四部分内容。

(1) 植物种植设计

优美的植物景观可以提高整体景观质量,烘托景观氛围,突出场地的特色,特别是在大片农田和植被覆盖的农业景观中,植物设计占据举足轻重的位置。植物种植设计要点可以从点、线、面三种空间类型的角度来阐述,点是重要的景观节点绿化,线指的是道路线性空间绿化,面是大片的生产景观植物种植设计。

① 景观节点。农业景观中的每个景观节点都应当有相应的主题,植物设计应结合地形和节点主题进行配置,通过常绿和落叶搭配、观花观果搭配、绿叶色叶树种搭配,形成水平和垂直空间的丰富层次,营造季相变化丰富的景观,具体手法有孤植、点植、丛植、片植等。结合农业景观的特点,可以种植观赏蔬菜,比如羽衣甘蓝、彩椒、薄荷、一点红等,同时具备食用和观赏价值。

② 道路线性空间。道路空间是线性的,植物种植应沿道路两侧进行绿化形成线性空间,注意结合乡村特色,因地制宜。在一级、二级道路的行道树设计时,应强调植物的特色化,不同的游览路线突出一种植物景观,比如银杏大道、枫香大道、樱花大道、梅花大道等,注意道路在经过生产景观地段时不设置行道树,以免影响生产景观的景观效果。三级的小路包含游步道、聚落内部的小路和农田间的作业道路(俗称田埂),一般来说由于空间狭窄,三级小路周边不设置行道树,但农业景观有其特殊性,沿田埂可以线性种植树木,形成农田防护林的形式,树种选择方面一般选用高大、生长迅速、枝叶繁茂、抗风力强的品种,比如杨树、杉树、白桦、槐树等,形成独特的防护林景观。

③ 生产面性景观。生产植物景观占地最大,并且集中连片,同时具备生产性和审美性功能。生产景观的植物种植可归纳为粮食作物和经济作物两

大类,粮食作物包含水稻、小麦、高粱、玉米、豆类等作物,经济作物包括蔬菜作物、果类作物、药用作物等。从农作物的培育场所不同对植物生产景观进行分类,可分为农田景观、温室景观和林地景观(表4-3)。

表4-3 生产景观分类

生产景观种类	作物种类	作物亚类	植物举例
农田景观	大田作物	粮食作物	水稻、大豆、玉米、高粱、小麦、红薯
		油料、药用作物	油菜、蔓青、花生、向日葵、大叶芥菜
		露地花卉	长春花、百日草、石竹、萱草、唐菖蒲、鸢尾、金银花
温室景观	温室作物	露地种植的蔬菜	菠菜、香菜、大青菜、芹菜、茼蒿
		温室观赏花卉	郁金香、百合、晚香玉、兰花、月季
		大棚蔬菜	黄瓜、番茄、苋菜、木耳菜、空心菜
林地景观	林地作物	观赏苗木	海棠、樱花、碧桃、石榴花、桃花、杜鹃、红枫
		果树	苹果树、梨树、桃树、橘树、山楂树

在实际的景观设计中,农田景观的种植设计手法可以分为三种:第一,同种作物片植,在平坦的地区形成一望无际的开阔景观,在山地则形成梯田式的景观。植物可以选择种植粮食作物如水稻、小麦等,也可以种植具有一定观赏价值的大田作物,比如油菜、向日葵等,注意梯田应选择耐水湿的作物品种。第二,不同地块种植不同的作物品种,进行品种选择时注意不同植物的开花时序和收获季节,尽量做到四季可赏。第三,同一块地进行休耕轮作,保证种植科学性的同时也可以形成较明显的四季景观变化,比如"稻—稻—油"的轮作方式,三月至七月种早稻,七月至十月种晚稻,十月至次年二、三月种植油菜花,可取得较优质的景观效果。

温室景观的设计手法为连片设置,因为温室大棚需要水电设施的配置,连片设置方便温室大棚的管理。温室可以部分开放供游人参观,可设置名贵花卉观赏和无土栽培植物的展示等,起到审美欣赏、科普教育的功能。

林地景观的设计手法可分为两类:第一,同种树木的连片种植,可以选择观赏性高的观赏花木,比如海棠、樱花、桃花等,春季形成花海,集聚人群。第二,不同地块种植不同的作物品种,通过开花时序的不同形成四时景观;也可以种植不同品种的果树,开展采摘活动(图4-16)。

(2)交通系统规划

乡村道路不同于城市道路,除了交通功能和相应的市政管线铺设之外,还具有其他功能:乡村道路起到连接村庄的作用,村庄内部的道路周边也是居民休息交流的场地。田园综合体的视角,决定了农业景观中的道路构建包含了乡村道路和景区道路的双重内涵。农业景观中的道路系统按照功能进行分类,构建起完整的道路交通系统(图4-17)。

图 4-16 连片种植的农田、温室和林地景观

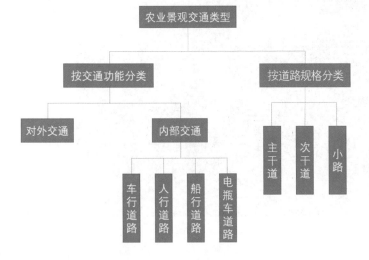

图 4-17 农业景观交通类型

（3）标识系统设计

农业景观的标识系统是构成农业景观可识别性的重要因素，可以为游客提供信息服务，提升景区形象，是衡量景区公共服务设施质量的重要标准。农业景观的景观识别系统分为象征性标识和指示性标识两大类。象征性标识包括标识景区名称或地域名称的标识牌，指示性标识包括指示方向和距离的标识牌。标识牌的设计涉及多方面的学科知识，要保证标识牌的系统性，在重要的道路节点、景区节点、重要标识性景点的附近都应设置标识牌；标识系统设计中，还应该保证标识牌的形象统一，其外形最好能与田园综合体本身特点有一定的关联，例如可以使用一些乡土材料制作标识牌、标识牌的形象反映当地的植物特色或是文化特色等。

（4）公共服务设施设计

公共服务设施是为游客在旅途中应对日常或突发事件而设置的、增加其逗留时间和消费行为的设施，主要包括游客中心、餐饮服务、商超便利、医务室、公厕和停车场等。公共服务设施的特点是布局分散、规模小，是游客出行必不可少的一部分，直接关系到田园综合体的整体形象。因此，在设置公共服务设施时应当遵循统一规划的原则，根据各项设施不同的服务半径、各个地段的人流量差别和重要景点设置进行服务设施的布局。进行游客中心、公厕等建筑设计时也应当因地制宜，使其造型与周围环境融为一体（图 4-18）。

图4-18　风格质朴的服务设施

第五章
安徽绿泉田园综合体规划实践

该案例为安徽绿泉生态农业来安产业基地概念性总体规划项目,项目旨在建设以苗圃种植、园艺疗养、休闲旅游为主导功能的"田园综合体"。

1. 项目背景研究

(1) 社会发展背景

① 政策环境。2005 年 10 月,党的十六届五中全会提出建设社会主义新农村;2007 年 10 月,党的十七大提出"统筹城乡发展,推进社会主义新农村建设";2008 年,浙江省安吉市开展"中国美丽乡村"计划,出台《建设"中国美丽乡村"行动纲领》;"十二五"期间,全国各地掀起美丽乡村建设的新热潮;2014年,《国家新型城镇化规划(2014—2020 年)》出台,明确提出要建设各具特色的美丽乡村;2015 年 6 月,《美丽乡村建设指南》(GB/T 32000—2015)国家标准发布,成为首个指导美丽乡村建设的国家标准;2017 年 2 月,"田园综合体"作为乡村新型产业发展亮点措施被写进中央一号文件;2018 年 2 月,中共中央国务院提出关于实施乡村振兴战略的意见。

传统农业产业园发展模式难以满足新形势下的产业升级、统筹开发等要求,"田园综合体"应运而生,成为解决"三农问题"的新途径、乡村振兴战略的主平台。

② 行业背景。国际苗木企业有着苗圃规模大型化、育苗作业科技化、容器育苗工厂化、苗木生产标准化、从业人员专业化的发展趋势。与此同时,国内苗木企业也有着规模化、综合化、多元化、专业化、特色化和全产业链化的发展趋势。

② 乡村旅游发展。乡村旅游发展全面转型升级的新时代已经到来。根据国家旅游局统计:2017 年我国休闲农业和乡村旅游各类经营主体已达 33万家,比上年增加了 3 万多家,营业收入近 6 200 亿元,占全国旅游收入的13.6%,整个产业呈现出"井喷式"增长态势。

近郊乡村旅游市场广阔,乡村度假成为新趋势。在快节奏城市生活压力下,旅游模式正在发生转变,选择生态、自然、绿色的乡村休闲旅游成为新趋势。近郊乡村旅游市场越来越大,乡村旅游进入快速发展阶段。

交通和配套设施成为影响乡村旅游品质的重要环节。乡村地区交通体系不完善,特别是道路设施建设的滞后,直接影响游客的规模;同时,乡村旅游配套服务设施的完善程度直接影响乡村旅游品质,进一步影响客流的培育与发展。互联网+旅游浪潮兴起,对乡村旅游提出新要求。旅游与互联网的深度融合已经成为不可阻挡的时代潮流。

研究发现,过夜游客的花费是不过夜游客的 3 倍以上。吸引游客过夜成为旅游经营的重点任务。旅游区域尺度、基础设施建设、丰富的活动以及个性化的民宿都是吸引游客过夜的重要筹码。

本实践项目位于来安县施官镇,周边的自然资源与人文资源数量和种类丰富。自然资源有龙窝寺森林公园、白鹭岛生态旅游度假区、莲花湖、舜歌山等;人文资源有皖东烈士陵园、孔雀寺、石鼓山遗址、万山遗址、龙窝寺遗址等。周边旅游资源丰富,项目涵盖内容全面、可玩性高。总体来看,来安旅游需要从园艺体验、疗养、游憩、养生等方向入手,提高吸引力和辨识度(图 5-1)。

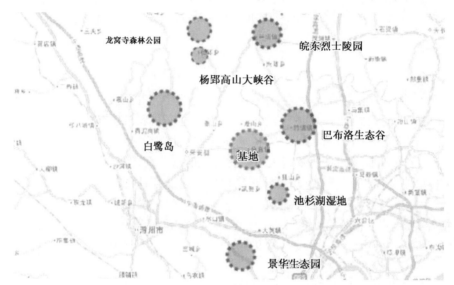

图 5-1 项目周边旅游资源分析图

④ 区位优势。基地位于来安县施官镇,距江苏省南京市仅 60 km,位于"南京 1 小时都市圈"、沿江城镇群带上,邻近省会经济圈、长三角经济圈,辐射三个经济圈,是江北重要门户、安徽东大门,地理位置优越,发展条件极佳;周边交通便捷,有宁洛高速,县道可以直达园区,附近六合站、滁州站、南京站、南京北站、六合马鞍机场均在 1 h 车程内,而且未来规划高速经过园区;项目位于两个城镇发展轴之间,可带动南北区域协调发展(图 5-2)。

图 5-2 区位分析图

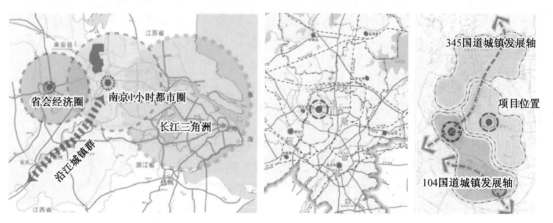

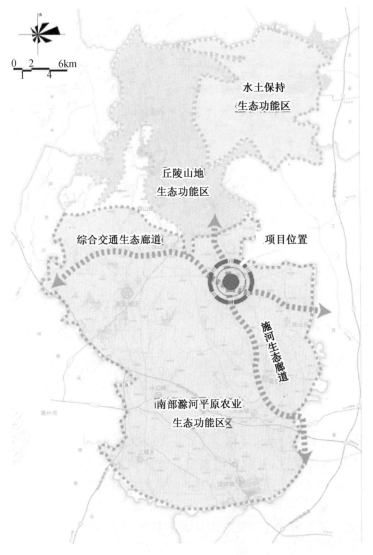

水土保持
生态功能区

丘陵山地
生态功能区

综合交通生态廊道　　　　　　　项目位置

施河生态廊道

南部滁河平原农业
生态功能区

0　2　6km
1　4

图 5-3　来安县生态
网络格局规划图

⑤ 区域生态环境。基地位于农业生态功能区,具备广阔的发展空间,符合未来发展趋势。并且处于北部水土保持生态功能区和丘陵山地生态功能区以外,发展不受限制。由施河生态廊道和综合交通生态廊道控制,引导农业生态旅游和谐发展,促进区域生态环境良性发展(图 5-3)。

⑥ 当地产业发展引导。《安徽省来安县城市总体规划(2016—2030 年)》中,正在谋划来安全域的旅游发展新模式,把项目所在区域规划为以现代农业示范为主,包括绿色食品加工、商品粮种植、特色种养等,并为生态农业、旅游休闲发展提供空间(图 5-4)。

《安徽省来安县旅游业"十三五"规划》,以建设"乡村休闲度假旅游目的地"为总方向,坚持旅游全域化(图 5-5)。打造以施官镇在内的区域为乡村农业生活体验片区,并为旅游休闲发展提供空间,在全域用地布局中落实相关旅游休闲设施用地。

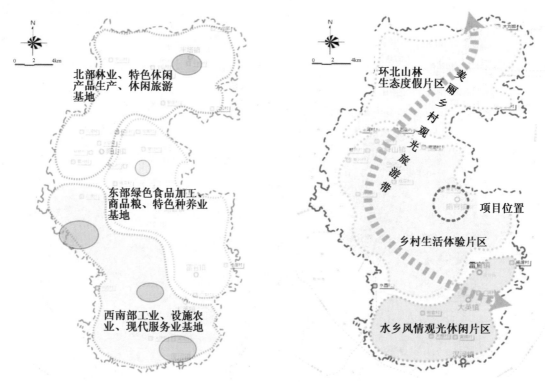

图 5-4 来安县产业布局规划(左)

图 5-5 来安县旅游业发展"十三五"规划(右)

（2）企业发展目标

① 企业概况。

a. 一个主体，两个身份：一个未来的上市主体——绿泉/润林集团。

两个业务身份——园林苗木：公司位于滁州市来安县施官镇贾龙民族村，主要从事苗木花卉的标准化种植。公司现拥有 6 000 余亩的苗木花卉生产基地。园林施工：经过多年发展，公司拥有的经营资质逐渐完善，经营业务范围逐渐扩大，由单一的绿化工程公司逐步转变为涉及绿化工程、市政工程、建筑/古建筑工程等多种业务的综合性工程企业。

b. 主体经营内容：包括园林苗木的产供销一体化，园林景观设计、施工、管养一条龙的全产业链上市主体及周边业务拓展，如现代农林业、农林产品加工业、生态旅游、养老康体等。

c. 成果及荣誉：公司成立以来，凭借良好的经营成果，先后获得 2 个国家级奖项，8 个省级奖项，4 个设计奖项，还先后获得 10 余项国家授权的实用新型专利，另有 10 余项发明专利已进入实质审核阶段，主持制定安徽省地方标准 1 项（DB34/T 3154—2018《红叶石楠育苗技术规范》），参与制定安徽省地方标准 1 项（DB34/T 3224—2018《雨田绿桂育苗技术规程》），承担市级科技攻关项目 1 项（2017 年度滁州市农村与社会发展领域科技计划项目《北美海棠引种、驯化、选育研究》）。

② 发展目标。

a. 扩大经营规模，形成新型经济组织模式：持续扩大经营规模。通过规模化经营,扩大企业影响力,迅速增加企业实力,同时降低企业经营成本。从单一的苗木花卉生产转向将第一产业(苗木生产)、第二产业(有机农业、农林产品加工)、第三产业(旅游、地产、文创、娱乐等)三大产业相结合,统一开发、综合利用,通过产业间的互哺关系带动产业综合提升。

b. 以市场为导向,建立企业特色品牌:以市场竞争为核心,研判行业未来发展趋势,依托当地资源,策划农业观光旅游、乡村休闲旅游、养生度假旅游等市场需求量大的产品,促进传统农林业向现代农林业转型,建立地域品牌,充分参与市场竞争,增强企业核心竞争力,提高知名度。

c. 以效益优先,促进企业及当地经济发展:在扩大投入的同时,以经营利润优先。到 2020 年,上市主体(绿泉/润林集团)年营业额 2.5 亿～2.6 亿元,净利润 3 700 万～3 900 万元。通过精细化经营,优化管理,抓好生产体系、产业体系、生态体系和服务体系等支撑体系的建设,推动企业可持续发展,增加经营利润,为当地创造复合经济效益。

(3) 项目开发意义

安徽绿泉生态农业来安产业基地发展条件优越,拥有政策、区位、交通、资源优势,应把握发展机遇,以区域优势为屏障——地处生态文明建设的样板区,以政策为导向——借助国家"乡村振兴"发展战略和解决"三农问题"的新模式,以行业资源为依托——探索苗木+旅游的新型农业产业综合体和引领行业发展的新方向,以实现企业多元化经营为目标,顺势而动,实现企业的转型升级,推动区域协调发展。

2. 基地现状分析

(1) 现状土地利用总体规划

建成区内以基本农田保护区为主,建设用地主要集中在县道及乡道附近,土地利用率较高,道路设施不完善,成规模的公共绿地严重不足,在规划中亟须整治提升。

(2) 现状用地分析

基地红线范围内面积约 3 万亩,整个区域内现状由农田、苗圃等农业生产用地及水体、道路和自然村落用地组成,以农业用地为主(图 5-6)。

(3) 地形地貌分析

整个区域地形,中间居住集中地区地势较高、周边农田较低,规划区范围内高程范围在 37～45 m 之间,地势差异较小。东西向坡偏多,整体坡度不大,受地形起伏影响,最陡坡度约 50°,其中坡度 8°以下用地占 85%(图 5-7)。

(4) 现状水系分析

整个区域内水系丰富,有三处水库,分别为红丰水库、苏家沟水库和龙王坝水库,河塘大多分布于农田周围。现有水系驳岸较单一,水体比较孤立,缺乏联系(图 5-8)。

(5) 现状植被分析

整个区域内主要植被以景观植被和农林为主,绿化覆盖率达 80%。园区

图 5-6　现状用地分析图

红线范围
居住用地
农田
苗圃地
果林
水域

图 5-7　现状地形地貌

红线范围
水库
河
塘

图 5-8　现状水系分析图

土壤适于农作物、林果、蔬菜等多种作物生长。目前区域内栽培的作物有水稻、小麦、毛豆、大豆以及红叶石楠、桂花等(图 5-9)。

（6）现状道路交通分析

整个区域内的道路主要分为对外道路、乡道、对内主要道路(图 5-10)。

（7）现状建筑分析

整个区域内的建筑根据性质可分为四类：居住建筑、工业建筑、商业服务建筑、公共管理服务建筑。规划红线范围内包含了八个村：顿邱村、西武村、桥西村、贾龙村、张储村、仙山村、龙山村和施官村。各个村庄的建筑风貌不统一，许多村庄风格特点不明显(图 5-11)。

（8）旅游资源分析

① 地脉——丘陵环抱，水塘相间。基地内有三个中小型水库，水面4 800 亩，生态良好，周边良田环绕，形成了良好的田园居住风格。基地地形以丘陵为主，纵观全镇，有山水、荒岗、平地交错，村与村之间形成波浪起伏地形。

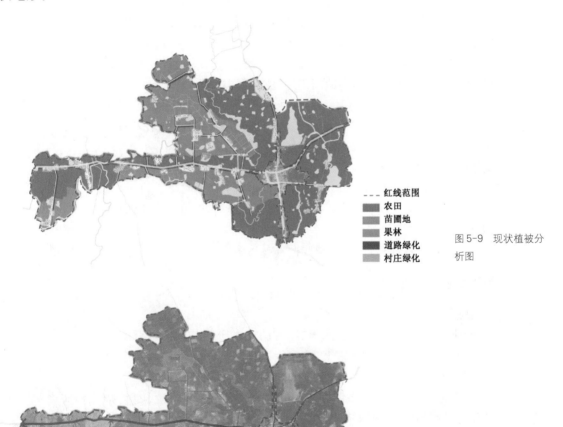

红线范围
农田
苗圃地
果林
道路绿化
村庄绿化

图 5-9　现状植被分析图

对外道路(县道)
乡道
对内主要道路

图 5-10　现状道路交通分析图

233

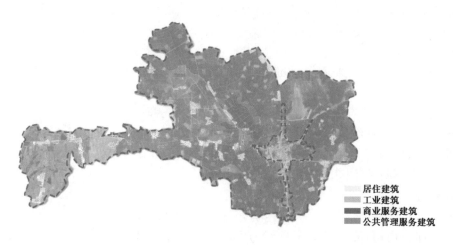

图 5-11　现状建筑分析图

居住建筑
工业建筑
商业服务建筑
公共管理服务建筑

② 文脉——多元包容，雅俗共赏。历史名胜：桃花坞、朝阳寺、赶路庵、古城遗址、金家花园、凤凰桥、财神阁、龙王坝、兵郢、金牛塘、乌龟塘、仙人山、龙山、东营盘、西营盘等。传承文化：回族文化特色、民居文化。多彩民俗：马灯戏、洪山戏、秧歌灯、跑旱船、来安白曲、手狮灯、开斋节、古尔邦节、圣纪节。

③ 径脉——阡陌纵横，炊烟袅袅。现状道路质量一般，道路设施不完善，以水泥路为主。基地中分布众多地间田埂，蕴含乡土特色。

④ 绿脉——花木之乡，悠然逸境。总绿化面积 40 924.7 亩。全镇森林覆盖率 45.7%，苗木花卉种植资源丰富。基础条件较好，育苗面积稳步增长，以红叶石楠、桂花、紫薇、广玉兰、女贞等品种为主。

（9）现状评价与发展方向

① 有苗木支撑，缺产业联动；单一产业向三产融合升级。

② 有质朴村落，缺文脉延续；文化模糊向延续文脉升级，千村一面向个性乡村升级。

③ 有自然风光，缺景观整合；视觉感受向动态体验升级。

3. 规划目标

（1）发展思路

① 基础产业扩张升级（内生发展）。在原有的苗木产业基础上进行产业升级，整体朝着规模化、专业化、特色化、综合化、全产业链化升级发展，全面推进基础产业提升，实现更高层次的发展。

② 衍生产业有序开发（外延发展）。基于主体产业的休闲旅游、度假养生等产业开发，选取最具开发利用价值的资源进行精致化的亮点打造。

③ 产业联动协同发展（综合发展）。在五位一体的发展理念指引下，将各产业进行融合、渗透，使一、二、三产联动发展，走一体化协同发展路径，以产业带动扶贫开发，实现区域综合发展。

（2）目标定位

以苗圃种植、园艺疗养、休闲旅游为主导功能的"田园综合体"；华东苗木产业高地、都市近郊园艺乐园、活力乡村美丽家园；艺圃萃园、叠翠花乡、莳绿之关、绿圃田园。

（3）功能定位

① 花慢城。高标准苗木生产示范板块，包含苗木生产基地、苗木生产展示带、电商产业园、创客基地。开发互联网模式，进行现代园林技术展示、高新农业生产技术研发。

② 智慧田园。发展有机农业板块，包含有机农业、循环农业、农产品加工中心、有机肥料生产。

③ 园艺乐园。发展康养休闲板块，包含园艺 DIY、农业童玩乐园、餐饮住宿、精品酒店、乐活田园、园艺康养。

4. 产品策划

（1）总体思路

以康养产业、苗木产业研发为发展核心；促进扶贫就业、生活环境提升，承担社会责任；以苗木产业为基础，以休闲旅游项目为配套；以乡村土地、生态环境为发展背景。

（2）基础产业

园区内现代高效农业主要为现代苗木产业（1.8 万～2 万亩）和有机农业（0.8 万～1 万亩），重点在于展示推广、产品研发。通过主导产品"四大花旦"促进绿泉品牌的产品营销，通过先进的发展模式，如电商产业园和创客基地等项目提高苗木种植和销售的效率，通过院士工作站、组培繁育中心等育种研发项目提高产品品质与产量。

（3）旅游配套

园区休闲旅游产业重点服务青年情侣、亲子家庭人群，以生态观光、康体运动、科普教育、主题民宿四个方面的配套设施与项目来体现旅游产业的丰富性。

（4）居民生活

为了保证村民的安居乐业，除了对原住民安置外，将把产业的发展与农民增收有机结合起来，打造特色民俗村，既可农民自住，也可提供住宿接待和乡土特色餐饮服务，还可与周边规划内的休闲农业与企业班组相结合，发展农产品加工、瓜果采摘、创意农业、企业基地等，使田园综合体与农户共同受益。

（5）资源开发

园区置地开发项目重点服务城市金领、银发康养人群，主要分为乐活田园和养生养老两大体系。养生养老体系以园艺康养为特色，推广园艺疗法，注重五感（视觉、听觉、嗅觉、味觉、触觉）运用，打造品牌特色。

5. 总体规划

（1）空间形态

① 景观格局。以施官镇为核心，向周边辐射 8 个村落，基地内水系及苗

圃地呈纵横交错的肌理形态,东侧有山脉环绕村镇,空间封闭幽静,整个基地借天然地势为基础,形成天人合一的环境(图 5-12)。

② 布局结构。"一个核心,两个中心,三个板块"(图 5-13)。

(2) 功能分区

园区分为产业研发区、康养休闲区、高标准苗木生产示范区和生态农业区四个功能区(图 5-14)。

(3) 规划总平面图

规划总平面图如图 5-15 所示。

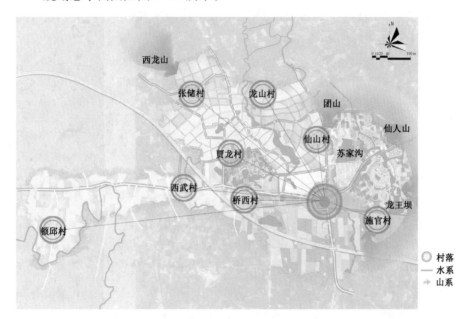

图 5-12　景观格局图

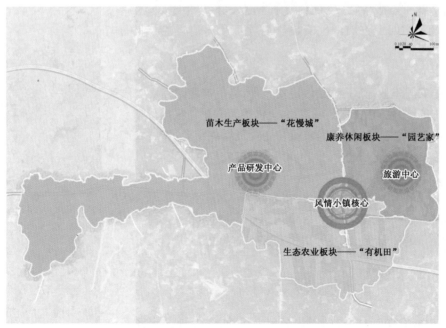

图 5-13　布局结构图

图 5-14　功能分区图

（4）交通规划

交通规划如图 5-16 所示。

（5）设施规划

设施规划如图 5-17 所示。

（6）游线规划

园区的游线分为特色骑行游线、亲子欢乐游线、农业休闲游线三条特色线路（图 5-18）。

6. 分区设计

（1）产业研发区

位于 X013 县道以北，贾龙村东南方向；面积约 2 000 亩；定位为产业研发中心。

规划思路：瞄准产业高端，设置产业研发中心，与全国知名院校及农科院所联合；区域内设独立的接待服务中心，以专家接待为主，提供完善配套，配以优质服务；现有海棠园未来将拓展为服务于花慢城的二级驿站（图 5-19）。

① 入口景观区。入口景观区开发用地性质为办公用地，约占 7 000 m²，容积率约为 0.5，建筑高度不超过 10 m。功能以展示、集散为主，风格为现代新中式，采用玻璃、砖、木、混凝土、钢等材料建造小体量、集中的建筑（图 5-20）。

② 电商产业园。电商产业园开发用地性质为商业，占地约 30 475 m²，容积率为 0.7，建筑高度不超过 10 m。以大棚生产为主要功能，风格偏生态、田园，主要采用玻璃、砖、混凝土、钢等材料建造中等体量、集中的构筑物。

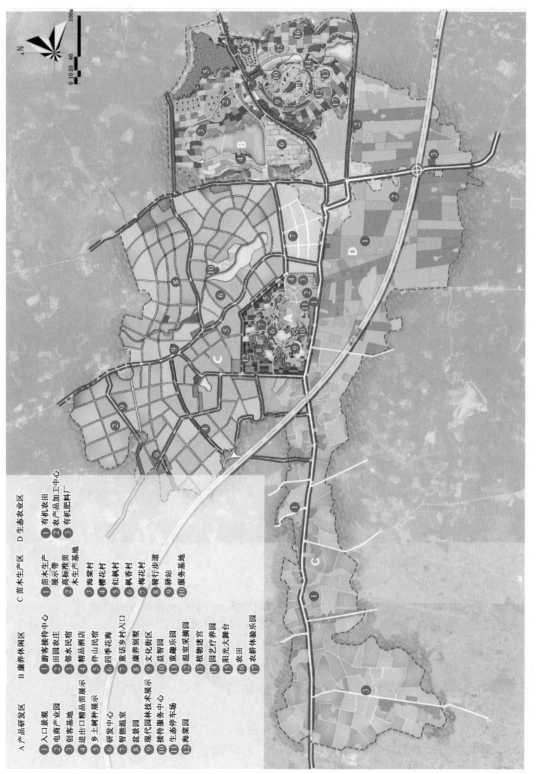

A 产品研发区　B 康养休闲区　C 苗木生产区　D 生态农业区

A 产品研发区
❶ 入口景观
❷ 电商产业园
❸ 创客基地
❹ 进出口精品房房展示
❺ 乡土树种展示
❻ 研发中心
❼ 智能温室
❽ 盆景园
❾ 现代园林技术展示
❿ 接待服务中心
⓫ 生态停车场
⓬ 海棠园

B 康养休闲区
❶ 游客接待中心
❷ 田园农庄
❸ 邻水民宿
❹ 精品酒店
❺ 仟山民宿
❻ 四季花海
❼ 童话乡村入口
❽ 康养别墅
❾ 文化街区
❿ 益智园
⓫ 童趣乐园
⓬ 温室采摘园
⓭ 植物迷宫
⓮ 园艺疗养园
⓯ 阳光大舞台
⓰ 农田
⓱ 农耕体验乐园

C 苗木生产区
❶ 苗木生产展示带
❷ 商标准苗木生产基地
❸ 海棠村
❹ 樱花村
❺ 红枫村
❻ 枫香村
❼ 梅花村
❽ 蝶行步道
❾ 驿站
❿ 服务基地

D 生态农业区
❶ 有机农田
❷ 农产品加工中心
❸ 有机肥料厂

图 5-15　规划总平面图

图5-16　交通规划图

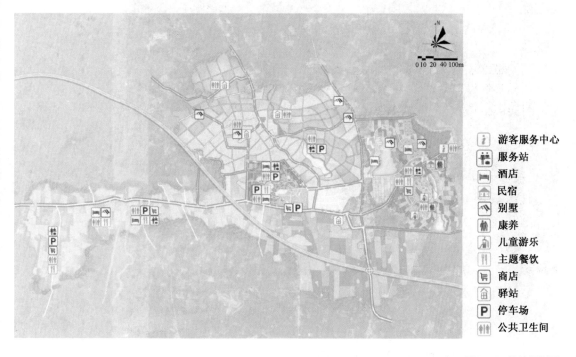

图5-17　设施规划图

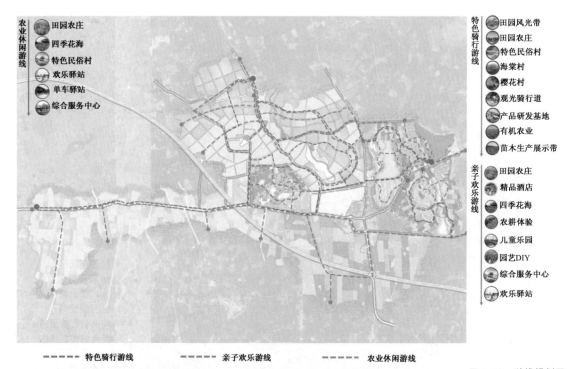

农业休闲游线
- 田园农庄
- 四季花海
- 特色民俗村
- 欢乐驿站
- 单车驿站
- 综合服务中心

特色骑行游线
- 田园风光带
- 田园农庄
- 特色民俗村
- 海棠村
- 樱花村
- 观光骑行道
- 产品研发基地
- 有机农业
- 苗木生产展示带

亲子欢乐游线
- 田园农庄
- 精品酒店
- 四季花海
- 农耕体验
- 儿童乐园
- 园艺DIY
- 综合服务中心
- 欢乐驿站

------- 特色骑行游线   ------- 亲子欢乐游线   ------- 农业休闲游线

图 5-18　游线规划图

❶ 入口景观　　❺ 乡土树种展示区　　❾ 现代园林技术展示区
❷ 电商产业园　❻ 研发中心　　　　　❿ 接待服务中心
❸ 创客基地　　❼ 智能温室　　　　　⓫ 停车场
❹ 进出口精品苗木展示区　❽ 盆景园　⓬ 海棠园

图 5-19　产业研发
区分区平面图

图 5-20　入口景观区效果图

③ 进出口精品苗木与乡土树种展示区。进出口精品苗木与乡土树种展示区开发用地性质为苗圃、林地。以大棚生产为主要功能,风格偏简约中式、田园、乡土,主要采用木、石等材料建造大中体量、集中的构筑物。

④ 研发中心。研发中心开发用地性质为文化设施,占地约 10 000 m²,容积率为 1.2,建筑高度不超过 20 m。以展示、研发为主要功能,风格偏新中式,适当改造原有村落,主要采用砖、混凝土、玻璃等材料及本土材料建造中等体量、集中的构筑物。

⑤ 接待服务中心。接待服务中心开发用地性质为商业,占地约 7 875 m²,容积率为 0.8,建筑高度不超过 10 m。以接待、餐饮、住宿为主要功能,风格偏新中式,主要采用砖、混凝土、玻璃、木、钢及本土材料等建造小体量、集中的构筑物。

⑥ 智能温室。智能温室开发用地性质为商业,占地约 15 100 m²,容积率为 0.8,建筑高度不超过 10 m。以开展组培繁育为主要功能,风格偏现代,主要采用玻璃、钢、砖、混凝土等材料建造中小体量、集中的构筑物。

⑦ 盆景园。盆景园开发用地性质为苗圃、林地。以展示、娱乐休闲为主要功能,风格偏田园,主要采用石头、玻璃、木等材料建造大中体量、集中的构筑物。

(2) 康养休闲区

位于施官村东北方向;面积约 6 000 亩;定位为康养休闲(图 5-21、5-22)。

规划思路:打造一个以园艺疗养为主题的集康养、旅游为一体的园区;重点突出园艺疗养特色,内部设有园艺疗养园、园艺 DIY、园艺主题的游乐园、康养别墅。北部大水库附近主要打造蓝城模式的田园农庄,设有精品酒店和精品民宿,堤坝下方打造四季花海。

① 游客接待中心 ⑥ 四季花海 ⑪ 童趣乐园 ⑯ 农田
② 田园农庄 ⑦ 童话乡村入口 ⑫ 温室采摘园 ⑰ 农耕体验乐园
③ 邻水民宿 ⑧ 康养花园 ⑬ 植物迷宫
④ 精品酒店 ⑨ 文化街区 ⑭ 园艺疗养园
⑤ 伴山民宿 ⑩ 益智园 ⑮ 阳光大舞台

图5-21　康养休闲
区平面图

① 游客接待中心。游客接待中心开发用地性质为商业,约占 45 000 m²,
容积率约为 1.0,建筑高度不超过 20 m。功能以游客服务中心、集散广场、旅
游换乘中心、电动车停车场、机动车停车场为主,风格为新中式,采用木、玻
璃、钢等材料建造中等体量、分散的建筑。

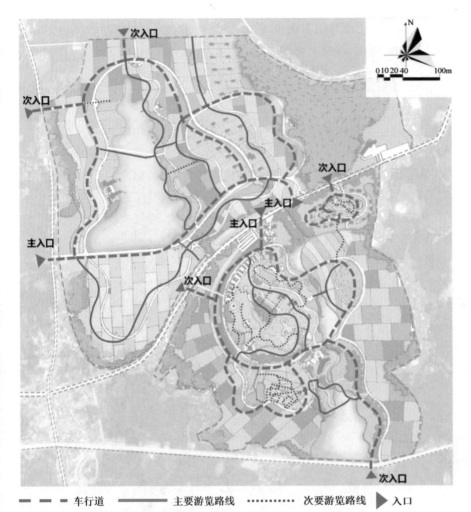

图5-22　康养休闲区
交通分析图

--- 车行道　　　── 主要游览路线　　　········· 次要游览路线　▶ 入口

②　田园农庄。田园农庄开发用地性质为商业,约占50 000 m²,容积率约为0.5,建筑高度不超过10 m。功能以住宿、餐饮、娱乐为主,风格为生态、田园,采用砖、木、玻璃、石、钢等材料建造小体量、分散的建筑。

③　精品酒店。精品酒店开发用地性质为商业,约占8 000 m²,容积率约为1.0,建筑高度不超过20 m。功能以酒店接待为主,风格为现代、田园,采用砖、木、玻璃、石、钢等材料建造中等体量、分散的建筑。

④　民宿。康养休闲区民宿开发用地性质为商业,约占6 000 m²,容积率约为1.0,建筑高度不超过12 m。功能以住宿接待为主,风格为中式、田园,采用砖、木、玻璃、石、钢等材料建造中等体量、分散的建筑。

⑤　四季花海。四季花海开发用地性质为林地,功能以种植四季观赏花卉为主。

⑥　童话乡村。童话乡村开发用地性质为商业,约占150 000 m²,容积率约为1.0,建筑高度不超过30 m。功能以儿童乐园、园艺DIY、采摘园、果园木屋、果蔬温室花园、美术馆、儿童游乐园和可持续性展示花园为主,风格为

现代、田园，采用木、玻璃、钢等材料建造中等体量、分散的建筑。

⑦ 康养花园。康养花园开发用地性质为商业，约占 45 000 m²，容积率约为 1.0，建筑高度不超过 20 m。功能以心灵花园、快乐花园、弱视者花园、旅行花园以及奇异花园为主，风格为中式、田园，采用玻璃、钢等材料建造大中型体量、对称及分散的建筑。

（3）高标准苗木生产示范区

位于贾龙村西南方向的 X013 县道沿线与贾龙村东、西及北方向；面积约 13 520 亩；定位为高标准苗木生产。

策划要点：以高标准花木种植为载体，以乡村特色种植为导向，在高标准苗木种植的基础上，打造特色民宿村庄，将高标准苗木种植、特色民宿村庄的建设以及游览休闲的配套设施相结合，推进生产与旅游的高度融合。通过大面积高标准苗木种植，为企业苗木生产销售提供更有力的市场竞争力；同时带动地方空闲劳动力，促进区域经济快速发展（图 5-23、5-24）。

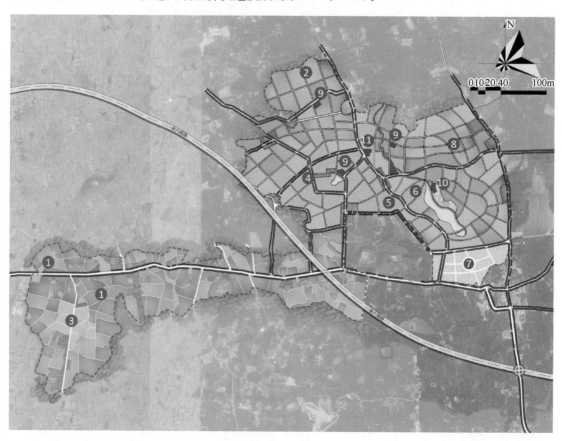

① 特色苗木展示带　⑤ 红枫村　⑨ 驿站
② 高标准苗木生产基地　⑥ 枫香村　⑩ 综合服务区
③ 海棠村　⑦ 梅花村　⑪ 观景平台
④ 樱花村　⑧ 骑行步道

图 5-23　高标准苗木生产示范区分区平面图

——— 主要游览线路　——— 生产道路　▶ 入口

图5-24　高标准苗木生产示范区交通分析图

①特色苗木展示带。特色苗木展示带开发用地性质为苗木种植,约占3 500亩。功能以特色苗木种植为主。

②特色民俗村。特色民俗村开发用地性质为村庄住宅,约占62 000 m²,容积率约为1.0,建筑高度不超过20 m。布置有特色村落,风格为中式、田园,采用玻璃、钢等材料建造中等体量、分散的建筑。

③高标准苗木生产基地。高标准苗木生产基地用地性质为苗木生产,约占10 000亩。功能以高标准苗木种植为主。

④综合服务区。综合服务区设置有服务中心、休息平台、滨水步道、阳光大草坪等。

⑤驿站。驿站开发用地性质为服务设施,约占2 300 m²,设置有单车驿站、欢乐驿站等。

（4）生态农业区

位于X013县道东南方向、施官村以南;面积约9 000亩;定位为生态农业建设。

规划思路:借助田园资源,构筑美丽风景;为康养休闲版块内的别墅、养生公寓提供良好依托(图5-25)。

① 入口
② 有机农田
③ 农产品加工中心
④ 有机肥料厂

图 5-25　生态农业
区分区平面图

结语

现代休闲农业是随社会和经济发展不断进步的产业,包含从农家乐、农业观光园、田园综合体以及未来的任何一种以农业景观为载体的农业产业形态。本书从农业观光园和田园综合体两种方式入手,探讨现代休闲农业景观规划设计的要点,希望能为我国休闲农业景观规划设计提供指导,这也正是本书研究的意义所在。通过本书中的研究,我们可以看出现代休闲农业的独特性。

（1）现代休闲农业是一个内涵逐渐丰富的产业

现代休闲农业是以农家乐的形式逐步发展起来的,从简单的只为市民提供餐饮游乐,逐步发展到提供观光、采摘以及日常休闲所需的完整产业,完成了从单纯的娱乐到拥有生产功能的转变,成为集生态、生产、生活于一体的现代休闲农业形式。休闲农业选址以城市周边以及乡村为主,依靠其优美的生态环境、丰富的农业资源、淳朴的乡土民风打造出本于自然而高于自然的休闲农业形式,这些条件也是休闲农业产业得以生存和发展的根基。休闲农业的发展紧紧依靠这些基础资源,不断壮大自身内涵,形成了集观光性、生产性、游憩性、生活性、生态性于一体的农业发展模式。

（2）现代休闲农业是随时间不断发展变化的产业

休闲农业的变化是迅速的,从营建形式上看,经过了农家乐、农业观光园、田园综合体等多种形式,内容不断丰富化,形式逐渐多样化;从营建范围上看,点、园、体是其变化的发展趋势,随着内容和形式的多样变化,范围也逐步扩大。从经营内容来看,由前期的单一化经营发展为多元共生,休闲农业景观逐步形成独立完整的生态系统。但无论如何变化,休闲农业所拥有的根本属性是不变的,即以农业资源为基础、自然环境为依托、乡村产业为动力的产业与休闲旅游相结合的发展形式。

（3）现代休闲农业的规划设计具有复杂性

休闲农业所拥有的独特的农业资源、丰富的产业形式,使其在营建过程中必须依靠多个学科和理论的支持。通过对地理学的研究,可以为休闲农业的选址提供参考;通过对生态学的研究,可以为休闲农业生态建设提供科学依据;通过对景观规划的研究,可以为休闲农业景观建设提供更优秀的方案、更合理的布局、更完善的配置;通过对产业规划的研究,可以挖掘农业资源的深层次用途,制定更加高效的产业方式。这些方面构成了休闲农业景观规划的多元理论支撑系统,也体现了其规划设计的复杂性。

　　总之,休闲农业景观规划设计作为农业景观规划发展的重点,在其成长过程中会面对不同程度的变革,但无论是形式还是内涵的变化,都要始终坚持使休闲农业更好地服务于人类生活。也希望本书能够为休闲农业景观规划提供一定的参考借鉴作用,为休闲农业的发展贡献一份力量。

参考文献

［1］艾伦·卡尔松. 自然与景观［M］. 陈李波,译. 长沙:湖南科学技术出版社,2006.

［2］阿诺德·伯林特. 生活在景观中——走向一种环境美学［M］.张敏,周雨,译. 长沙:湖南科学技术出版社,2006.

［3］陈秉钊,等. 可持续发展中国人居环境［M］. 北京:科学出版社,2003.

［4］陈阜. 农业生态学［M］. 北京:中国农业大学出版社,2002.

［5］郭焕成,吕明伟,任国柱. 休闲农业园区规划设计［M］. 北京:中国建筑工业出版社,2007.

［6］郭焕成,郑健雄,杨德刚,等. 休闲农业和乡村旅游发展理论与实践［M］. 徐州:中国矿业大学出版社,2006.

［7］本书编委会. 休闲农业与乡村旅游发展工作手册［M］. 北京:中国建筑工业出版社,2011.

［8］龚仰军. 产业经济学教程［M］. 上海:上海财经大学出版社,2014.

［9］黄毅斌,刘晖,翁伯琦,等. 生态农业观光园规划:理念与案例［M］. 北京:中国农业科学技术出版社,2012.

［10］凯文·林奇. 城市意象［M］. 北京:中国建筑工业出版社,1990.

［11］刘黎明. 乡村景观规划［M］. 北京:中国农业大学出版社,2003.

［12］卢云亭. 密云风光与旅游开发［M］. 北京:北京出版社,1995.

［13］农业部农村社会事业发展中心. 休闲农业管理人员手册［M］. 北京:中国农业出版社,2010.

［14］钱丽,等. 国外观赏农业［M］. 北京:中国社会出版社,2005.

［15］秦明. 旅游心理学［M］. 北京:北京大学出版社,2005.

［16］史亚军,等. 城郊农村如何发展观光农业［M］. 北京:金盾出版社,2006.

［17］唐建军. 城乡生态环境建设:原理和实践［M］. 北京:中国环境科学出版社,2004.

［18］王浩,等. 农业观光园规划与经营［M］. 北京:中国林业出版社,2003.

［19］王浩,李晓颖. 生态农业观光园规划［M］. 北京:中国林业出版社,2011.

［20］王向荣,林箐. 西方现代景观设计的理论与实践［M］. 北京:中国建筑工业出版社,2002.

［21］邬建国. 景观生态学:格局、过程、尺度与等级［M］. 北京:高等教育出版社,2000.

［22］相马一郎,佐古顺彦. 环境心理学［M］. 周畅,李曼曼,译. 北京:中国建筑工业出版社,1986.

［23］肖笃宁,等. 景观生态学［M］. 北京:科学出版社,2003.

［24］严贤春. 休闲农业［M］. 北京:中国农业出版社,2011.

［25］杨桂华,中国人与生物圈国家委员会秘书处,云南大学. 生态旅游的绿色实践［M］. 北京:科学出版社,2000.

［26］叶秀美. 休闲活动设计与规划——农业资源的应用［M］. 北京：中国建筑工业出版社，2009.

［27］俞益武，张建国，朱铨，等. 休闲观光农业园区的规划与开发［M］. 杭州：杭州出版社，2007.

［28］俞孔坚. 回到土地［M］. 北京：生活·读书·新知三联书店，2009.

［29］原梅生. 中国休闲农业发展研究［M］. 北京：中国财政经济出版社，2008.

［30］曾玉荣. 台湾休闲农业理念·布局·实践［M］. 北京：中国农业科学技术出版社，2015.

［31］赵羿，李月辉. 实用景观生态学［M］. 北京：科学出版社，2001.

［32］张述林，李源，刘佳瑜，等. 乡村旅游发展规划研究：理论与实践［M］. 北京：科学出版社，2014.

［33］郑健雄，郭焕成，陈田. 观光休闲农业与乡村休闲产业发展［M］. 徐州：中国矿业大学出版社，2007.

［34］郑健雄，郭焕成，陈田. 休闲农业与乡村旅游发展［M］. 徐州：中国矿业大学出版社，2005.

［35］BOODY G, VONDRACEK B, ANDOW D A, et al. Multifunctional agriculture in the United States［J］. Bioscience, 2005,55(1)：27-38.

［36］HILL B J. The future of rural tourism［J］. Parks & Recreation, 1993(9)：98-101, 123.

［37］曹俊杰，徐俊霞. 日本和韩国农业多功能性理论与实践及其启示［J］. 中国水土保持，2006(6)：18-20.

［38］车生泉. 城乡一体化过程中的景观生态格局分析［J］. 农业现代化研究，1999,20(3)：140-143.

［39］陈达活，韦媛春，李定攀. 浅谈乡村景观的规划和设计［J］. 中华民居，2013(1)：60-61.

［40］崔峰，李明，王思明. 农业文化遗产保护与区域经济社会发展关系研究——以江苏兴化垛田为例［J］. 中国人口·资源与环境，2013,23(12)：156-164.

［41］GOMEZ F, TAMARIT N, JABALOYES J. Green zones, Bioclimatic studies and human comfort in the future development of urban planning［J］. Landscape and Urban Planning, 2001, 55(3)：151-161.

［42］FIEGE M, CRONON W. Irrigated Eden：The Making of an Agricultural Landscape in the American West［J］. Human Ecology, 2002, 30(1)：139-142.

［43］范建红，魏成，李松志. 乡村景观的概念内涵与发展研究［J］. 热带地理，2009,29(3)：285-289.

［44］付晨，赵梦思，金晓雯. 基于生产力优先原则的农业休闲景观规划设计［J］. 北方园艺，2014(17)：203-207.

［45］甘德欣，罗军，陈琼琳，龙岳林. 生产型景观在城市景观建设中的功能及应用原则［J］. 湖南农业大学学报（自然科学版），2010,36(S2)：144-147.

［46］郭焕成，刘军萍，王云才. 观光农业发展研究［J］. 经济地理，2000,20(2)：119-124.

［47］何军斌. 论生态农业景观的构成［J］. 湖南人文科技学院学报，2008,25(6)：64-66.

［48］何艳琳. 我国台湾地区休闲农业与乡村旅游发展的启示［J］. 农业与技术，2013(6)：218-220.

［49］黄佳乐. 文化型农业观光园的文化主题表达研究——以重庆市巴克斯葡萄公园为

例[J]. 山东林业科技,2010,40(1)：65-68.

［50］黄江平. 长三角休闲农业与乡村旅游的一体化发展[J]. 江南论坛,2011（6）：16-18.

［51］黄金国. 广东观光农业旅游开发探析[J]. 生态经济,2001,17(12)：110-112.

［52］黄志红. 休闲农业体验价值评价指标体系构建及其应用[J]. 求索,2010(6)：24-26.

［53］KUREHA M. System for the Relationship of Symbiosis between Tourism and Agriculture in Hindelang, the German Alps[J]. Science Reports of the Institute of Geoscience University of Tsukuba, 2002, 5(23)：75-80.

［54］李保印,周秀梅. 农业观光园：21 世纪的新型生态园林形式[J]. 中国林业,2001(16)：32-33.

［55］李文荣. 农业观光园发展模式研究[J]. 农机化研究,2006,28(8)：5-7.

［56］李晓颖,王浩. "三位一体"生态农业观光园规划探析[J]. 中国农学通报,2011,27(25)：300-306.

［57］李晓颖,王浩,申世广. 景观·产业·游憩——三位一体生态农业观光园规划设计[J]. 江苏农业科学,2010,38(5)：271-273.

［58］刘丽影,张明,路剑. 国外创意农业模式对中国文化创意农业发展的启示[J]. 世界农业,2014(3)：181-184.

［59］梁发超. 新农村建设中的农业景观规划方法探讨[J]. 资源开发与市场,2013,29(10)：1081-1084.

［60］梁发超,刘黎明,曲衍波. 乡村尺度农业景观分类方法及其在新农村建设规划中的应用[J]. 农业工程学报,2011,27(11)：330-336.

［61］雷黎明. 广西田园综合体建设的思考与探索[J]. 当代农村财经,2017(8)：48-53.

［62］刘黎明. 乡村景观规划的发展历史及其在我国的发展前景[J]. 生态与农村环境学报,2001(1)：52-55.

［63］刘薇. 浅谈城市外围绿化带的规划与用地管理[J]. 规划师,2001,17(2)：96-98.

［64］MADALENO I. Urban agriculture in Belem,Brazil[J]. Cities, 2000,17(1)：73-77.

［65］米满宁,张振兴,李蔚. 国内生产性景观多样性及发展探究[J]. 生态经济,2015,31(5)：196-199.

［66］毛帅,聂锐. 浅谈休闲农业游客行为与环境容量的冲突及解决思路[J]. 生态经济(中文版),2006,22(10)：197-200.

［67］姜卫兵,陈宇,姜鹏. 论观光农业园区的景观表达特性[J]. 中国园林,2003(3)：52-54.

［68］齐玉婷,龙岳林,孙虹,李艳,吴菲. 基于观光休闲需求的乡村小河流景观改造设计——以四季田园生态农业园为例[J].湖南农业大学学报(自然科学版),2012,38(S1)：27-29.

［69］钱强. 桃花地 无锡阳山田园综合体 I 期田园生活馆[J]. 室内设计与装修,2014(6)：112-115.

［70］秦操,郑丹丹. 乡土景观资源的整合与利用方法[J]. 现代企业文化,2009(21)：88-90.

［71］邱乐丰,方豪,陈剑平,等. 现代农业综合体：现代农业发展的新形态[J]. 浙江经济,2014(16)：56-57.

［72］闻煜涛,白丹,柴新利. 论生态效益和经济效益并重的农业观光园规划设计[J]. 湖

南农业科学,2009(8):126-128.

[73] 宋明芳. 德国、日本生态农业发展的比较研究[J]. 世界农业,2013(7):96-98.

[74] 王爱民,戴洪,李长胜. 论21世纪生态模式的农业观光园及其景观表征[J]. 农业系统科学与综合研究,2005,21(1):58-60.

[75] 汪晓云,王全会. 农业观光园的功能设置和建设思路[J]. 农村工程技术:温室园艺,2003(1):7-8.

[76] 王仰麟,韩荡. 农业景观的生态规划与设计[J]. 应用生态学报,2000,11(2):265-269.

[77] 王颖,易兰兰,薛亚娟. 高科技农业观光园发展模式初探[J]. 商业现代化,2006(36):245.

[78] 王锐,王仰麟,景娟. 农业景观生态规划原则及其应用研究——中国生态农业景观分析[J]. 中国生态农业学报,2004,12(2):1-4.

[79] 王云才. 国际乡村旅游发展的政策经验与借鉴[J]. 旅游学刊,2002,17(4):45-50.

[80] 王云才,刘滨谊. 论中国乡村景观及乡村景观规划[J]. 中国园林,2003,19(1):55-58.

[81] 吴加志. 台湾休闲农业发展的经验对新农村建设的启示[J]. 中国农学通报,2007,23(1):437-440.

[82] 吴人韦,杨建辉. 农业园区规划思路与方法研究[J]. 城市规划汇刊,2004(1):53-56.

[83] 吴志明. 通往社会城市之路——霍华德的构想与中国城市的未来[J]. 城市发展研究,2010,17(3):11-16.

[84] 谢雨萍. 我国生态农业旅游的研究进展[J]. 邵阳学院学报(自然科学版),2007,4(2):105-109.

[85] 欣农. 台湾发展休闲农业的经验[J]. 新农村,2010(1):36-37.

[86] 徐芃. 中外生产性景观的概述[J]. 江西农业学报,2012,24(3):23-25.

[87] 徐峰. 观光农业景观设计[J]. 林业建设,2003(2):15-18.

[88] 徐筱婷,王金瑾. 生产性景观演化的动因分析[J]. 湖南农业大学学报(自然科学版),2010,36(S2):141-143.

[89] 闫美玲,卞云青. 南京休闲农业发展现状与对策探析[J]. 湖南农业科学,2013(14):40-42,44.

[90] 杨国良. 观光农园旅游区开发与规划研究[J]. 四川师范大学学报(自然科学版),2001,24(6):622-625.

[91] 杨洪晓,王凯荣,逄锦虎. 青岛丘陵区生态农业园的景观设计[J]. 水土保持研究,2011,18(3):194-197.

[92] 杨礼宪. 合作社:田园综合体建设的主要载体[J]. 中国农民合作社,2017(3):27-28.

[93] 于静涛. 城郊型农业与都市型农业的关系辨析[J]. 中国农村经济,2005(9):56-61.

[94] 俞孔坚. 生物保护的景观生态安全格局[J]. 生态学报,1999,19(1):8-15.

[95] 张波. 现代农业园特色景观规划途径研究——以新疆昌吉现代农业创新园景观规划为例[J]. 规划师,2012,28(10):54-58.

[96] 张诚,徐心怡. 新田园主义理论在新型城镇化建设中的探索与实践[J]. 小城镇建设,2017(3):56-61.

［97］张建国,何方,俞益武. 循环经济理论指导下的农业旅游可持续发展[J]. 浙江林学院学报,2007,24(3):254-259.

［98］张玉成. 田园综合体是农业、是地产,还是旅游?[J]. 杭州(周刊),2017,466(15):26-28.

［99］张忠根. 二十世纪世界农业发展模式的演变[J]. 农业经济,2001(1):1-3.

[100]赵勋,高旭,徐峰. 京郊观光农业景观特色分析与营造[J]. 农业科技与信息(现代园林),2013,10(2):43-49.

[101]赵岩,石晓景. 农业元素在农业观光园景观中的创新应用[J]. 江苏农业科学,2013,41(7):186-189.

[102]周年兴,俞孔坚. 农田与城市的自然融合[J]. 规划师,2003,19(3):83-85.

[103]包乌兰托亚. 我国休闲农业资源开发与产业化发展研究[D]. 青岛:中国海洋大学,2013.

[104]崔璨. 给养城市——可食城市与产出式景观思想策略初探[D]. 天津:天津大学,2010.

[105]江晨. 农业观光园游憩活动规划研究[D].南京:南京林业大学,2013.

[106]逄锦彩. 日、美、法现代农业比较研究[D].长春:吉林大学,2010.

[107]李桃. 城市中农业生产性景观的设计研究[D].长沙:湖南师范大学,2015.

[108]李晓颖. 生态农业观光园规划的理论与实践[D].南京:南京林业大学,2011.

[109]任振宇. 农业观光园生产性景观营造及实践研究[D].北京:中国林业科学研究院,2014.

[110]王佳佳. 苏南地区都市休闲度假型观光农业园景观规划设计方法初探[D].苏州:苏州大学,2014.

[111]张敏霞. 风景园林中的生产现象研究[D].北京:北京林业大学,2012.